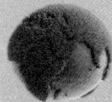

学生最喜爱的科普书

XUESHENGZUIXIAIDEKEPUSHU

有趣的地球
我们美丽的家园

刘 艳◎编著

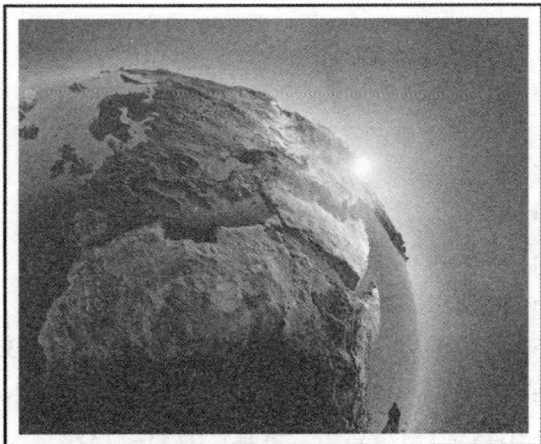

在未知领域 我们努力探索
在已知领域 我们重新发现

延边大学出版社

图书在版编目（CIP）数据

有趣的地球：我们美丽的家园 / 刘艳编著 .—延吉：
延边大学出版社，2012.4（2021.1 重印）
ISBN 978-7-5634-4635-3

Ⅰ. ①有… Ⅱ. ①刘… Ⅲ. ①地球—青年读物
②地球—少年读物 Ⅳ. ① P183-49

中国版本图书馆 CIP 数据核字 (2012) 第 051712 号

有趣的地球：我们美丽的家园

————————————————————————————————

编　　　著：刘　艳
责 任 编 辑：何　方
封 面 设 计：映象视觉
出 版 发 行：延边大学出版社
社　　　址：吉林省延吉市公园路 977 号　　邮编：133002
网　　　址：http://www.ydcbs.com　　E-mail：ydcbs@ydcbs.com
电　　　话：0433-2732435　　传真：0433-2732434
发行部电话：0433-2732442　　传真：0433-2733056
印　　　刷：唐山新苑印务有限公司
开　　　本：16K　690×960 毫米
印　　　张：10 印张
字　　　数：120 千字
版　　　次：2012 年 4 月第 1 版
印　　　次：2021 年 1 月第 3 次印刷
书　　　号：ISBN 978-7-5634-4635-3

————————————————————————————————

定　　　价：29.80 元

　　科学的世界看起来高深莫测，让不少人望而却步，想了解却又无从下手。你对我们生活的家园有着怎样的了解？你是不是还有没有注意到的知识？科学的发展进步本身就是一个不断探索、发现的过程。让我们一起跟随本书的脚步，走进我们美丽的家园，一起去领略家园的美景。

　　地球是太阳系中惟一有液态水的星球，它有着适宜生物生存的温度和大气条件，是整个宇宙当中惟一能够为生命提供生存条件的星球。自然造化，让植物们如此繁盛地生长着。它们肩并肩组成了茂密的森林，它们手拉手铺展成了广阔的草原……即使是冰天雪地的南极，即使是干旱少雨的沙漠，即使是汪洋一片的海洋，它们都奇迹般地生长着、繁育着，把世界妆扮得如此多姿多彩。

　　神奇的大自然里孕育着无数多姿多彩的植物，那么它们从哪里来？

它们又将到何处去？也许，这同样是植物们正在"思考"的问题。它们并非天造地设，它们也有自己的"族谱"，它们也有智慧，它们甚至也会"说话"，它们中有的食肉成性，有的肆意侵略，有的是人类的朋友，也有的会对人类的健康甚至生命造成威胁……这是一个奇妙的植物世界，书中将通过浅显易懂、妙趣横生的文字，配以大量精美的图片一一为你呈现。

本书是我们在新时期为当代青少年量身定做、专业打造的一套融知识性、趣味性为一体的全方位提升学生素质水平的优秀图书。它涵盖了青少年在青年成长的重要时期不可或缺的百科知识，我们希望以此引领学生们探求无穷的智慧魅力，让学生们在知识的渴求与完善中不断成就更加完美的自我。书中以科学但不生硬的方式进行讲解，让读者真正感受到科学离我们并不遥远。因此，在书中我们把生活中随处可见的科学原理与课本的知识相联系。本书以通俗易懂、灵活有趣的语言讲解了地球内部和外部的各种现象，把一个直观的地球外貌呈现给读者。叹为观止的自然奇观、鲜为人知的地域之谜、喜怒无常的气象、神奇美丽的植物……作为太阳系有生命存在的星球奇迹，地球一直在浩瀚无际的宇宙舞台上演绎着不朽的传奇。打开本书，你会体验到我们家园的辽阔与美丽，并真心爱上我们生活的美丽家园。

目录
CONTENTS

第❹章

万千的气候

第❺章

奇妙的动物

第❻章

美丽的植物

有趣的地球

YOUQUDEDIQIU

第一章

　　地球是太阳系从内到外的第三颗行星，地球的矿物和生物等资源维持了全球的人口。那么，我们生活的地球是怎样诞生的呢？地球是怎样运动的呢？在生活中，我们与人交谈的时候，很自然地便会问及别人的年龄，但是又有多少人知道我们生活的这个地球到底多少岁了呢？你对地球的构造了解多少呢？现在让我们走进这个有趣的地球吧！

地球的诞生

Di Qiu De Dan Sheng

我们生活在地球上，地球每时每刻都在不停地转动，地球为人类提供了赖以生存的土地，水、空气、森林等等。你是不是也有这样的疑问，我们的地球是如何诞生的呢？为了弄清这个问题，现在让我们一起来揭开地球的面纱吧！

只要是懂得科学的人，都不会满足类似中国神话中的"神"，或者是西方世界的"上帝"创造出了地球这样的说法。其实就算是在科技十分发达的今天，科学家们依然很难

※ 蓝色星球——我们的地球

解释清楚地球究竟是怎样形成的。而且，关于地球的诞生，有着不同的说法。

1749 年，法国的生物学家布封就曾经提出过彗星碰撞说，他认为地球是一颗彗星进入太阳内，在太阳上面打下了包含地球在内的几颗行星。自此，关于地球的神学论就被彻底打破；到 1755 年，康德也在《宇宙发展史概论》中提出了陨星说，他认为陨星积聚形成了太阳和其他行星；而到 1796 年，法国的拉普拉斯又在《宇宙体系论》中提出宇宙星云说，他认为是因为星云的尘埃积聚，才产生了太阳，再经由太阳排出气体物质，进一步形成行星。后来，还有双星说、行星平面说、卫星说等等各种不同的说法。

随着科技的发展，目前最科学的说法是：太阳系在最初形成的时候，有 99％以上的物质不断聚合形成了太阳，而其他小部分被分散在四周的物质碎片以太阳为中心不断旋转，跟随时间的推移，再加上碰撞和引力的作用，其他分散的碎片不断地慢慢结合，到最后形成了其他的行星。

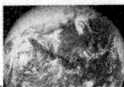

那时的地球只是一团近似混沌的物质，宇宙那么大，自然有很多其他的小行星在不断地围绕着太阳转动。这些行星再相互撞击，再经过多年以后，才形成了原始的地球。最初的地球就像是一颗炽热的大火球，随着碰撞的不断减少，伴随着物质的慢慢冷却和凝固，形成了最初的地壳，地壳指的就是今天的地表。因为地球内部有大量的岩浆，并且不断向外喷涌，就形成了大量可怕的火山。那些残留在火山灰中的水蒸气在冷却过后变成了水，于是就有了现在的海洋。最后又经过了无数奇妙的变化，地球的形态初步形成。

▶ 知识链接

时光不断迁移，因为地球自身存在着引力，且地球的内部在不断地发生着化学反应，反应产生的气体不断地被喷出，被附着在地球周围，就形成了现在我们所说的大气层。而氢气和氧气结合后形成了水。因为太阳的能量辐射，才使地球本身产生了重要的磁场作用。在经历了众多奇妙的变化之后，地球才慢慢演化成了适合人类生存和居住的样子。

◎地球的"美丽外衣"

美丽的事物总是对人们有着强烈的吸引力，碧绿的森林、奔腾的河流、连绵的山川、广阔的大海都是地球所赐予的宝贵资源。可是随着社会工业的不断发展，废气污水的排放、不合理的建设、滥采滥伐都在无情的伤害着地球母亲。现如今对环境造成的伤害触目惊心，伤痕累累的地球变得虚弱无比。那保护着地球的"美丽外衣"——臭氧层，在环境受到破坏的同时也是伤痕累累。

臭氧是一种无色的、本身带有一种特殊臭味的气体。在距离地球20～30千米的大气层中，有90％以上的臭氧分子聚集，因此形成了臭氧层。臭氧层就是保护地球的外衣，也是人类赖以生存的"保护伞"。臭氧层可以抵挡住太阳照向地球的强烈紫外线。紫外线会伤害到人类的角膜和眼睛，而且会让人类患上皮肤癌等各种癌症疾病，对人类的伤害非常大。植物和微生物因为无法承受紫外线的强烈照射会相继死亡。而海洋中可以大量吸收温室气体的浮游生物，也会直接受到侵害。随后会发生一系列恶性循环，其他生物也会相继死亡，并最终直接影响人类的生存。所以说，臭氧层是保护地球的惟一一道天然屏障，它可以保护人类免遭紫外线的伤害。

近十几年来，地球上的臭氧层开始变得稀薄，遭到了严重的破坏，直接危害着人类自身的安全。我们的世界不断发展，高端的科技产品推动着世界经济的发展，可是正是因为这些高科技，让臭氧层一点点变得稀薄。

在人类还没有来得及意识到这些破坏将会带来怎样的后果的时候，我们的家园已经日益见衰。现如今的南极上空，越来越稀薄的臭氧层，已经形成了一个空洞；全球的气候也在不断变暖；沿海的城市也不断遭遇各种各样的灾难。如果还没有采取措施去缓解这种破坏，那么终有一天，我们的家园将会濒临毁灭。

| 拓展思考 |

1. 地球究竟是如何形成的？
2. 地球的诞生有何意义？

地球的运动与磁场

Di Qiu De Yun Dong Yu Ci Chang

你知道地球是如何运动的吗？地球绕地轴自西向东地自转，平均角速度为每小时转动 15 度。在地球赤道上，自转的线速度大约是每秒 465 米。我们之所以要经历白天黑夜，就是因为地球自转的原因。人们最早利用地球自转作为计量时间的基准。自 20 世纪以来，由于天文观测技术的发展，人们发现地球自转是不均的。而现在的天文学家已经了解地球自转速度存在长期减慢、不规则变化和周期性变化。

◎地球自转

地球绕着地轴不停地旋转，这叫做地球的自转。地球自转的方向是自西向东，自转一周的时间为 24 小时，也就是一天。在 6 亿多年前，地球上一年大约有 424 天，这就表明那时候的地球自转速率比现在快得多。在 4 亿年前，地球上一年大约有 400 天，到了 2.8 亿年前为 390 天。科学家研究表明，每经过一百年，地球自转长期就会减慢近 2 毫秒（1 毫秒＝千分之一秒），造成这样的

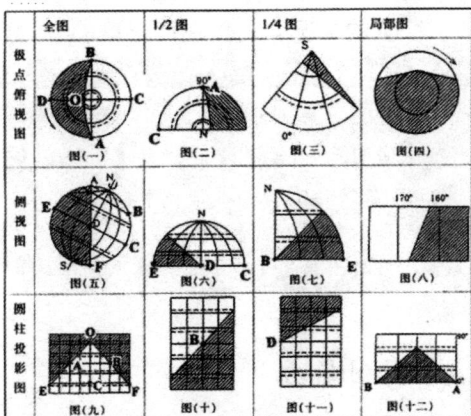

全图	1/2 图	1/4 图	局部图
极点俯视图 图（一）	图（二）	图（三）	图（四）
侧视图 图（五）	图（六）	图（七）	图（八）
圆柱投影图 图（九）	图（十）	图（十一）	图（十二）

※ 根据地球自转方向确定晨昏

原因主要是因为潮汐摩擦而引起的。由于潮汐摩擦，使地球自转角动量变小，从而引起月球以每年 3～4 厘米的速度远离地球，使月球绕地球公转的周期变长。除潮汐摩擦原因外，地球半径的变化、地球内部地核和地幔的耦合、地球表面物质分布的改变等也会引起地球自转的变化。

◎地球公转

从地球上看，太阳沿黄道逆时针运动，黄道和赤道在天球上存在相距

180°的两个交点，其中太阳沿黄道从天赤道以南向北通过天赤道的那一点，称为春分点；与春分点相隔180°的另一点，称为秋分点，太阳分别在每年的春分（3月21日前后）和秋分（9月23日前后）通过春分点和秋分点。居住在的北半球的居民，当太阳分别经过春分点和秋分点时，就意味着已经是春季

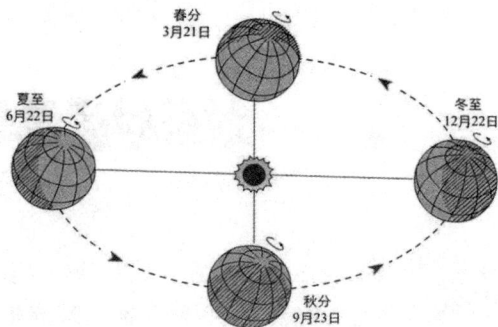

※ 地球公转示意图

或是秋季时节。当太阳通过春分点到达最北的那一点称为夏至点，与之相差180°的另一点称为冬至点，太阳分别于每年的6月22日前后和12月22日前后通过夏至点和冬至点。这样一来，对于居住在北半球的人，当太阳在夏至点和冬至点附近时，从天文学意义上，已经进入到了夏季和冬季时节。以上的情况，居住在南半球的人刚好相反。

▶ 知识链接

　　1543年，波兰天文学家著名哥白尼在《天体运行论》一书中首先完整地提出了地球自转和公转的概念。地球公转的轨道是椭圆的，公转的轨道半长径为149597870千米，轨道的偏心率为0.0167，公转的平均轨道速度为每秒29.79千米；公转的轨道面（黄道面）与地球赤道面的交角为23°27′，称为黄赤交角。地球因为自转产生了昼夜变化，地球公转及黄赤交角的存在则有了地球上的四季。

◎地球的磁场

　　在地球的周围存在一些磁场，被称为是地磁场。地磁场大约在34.5亿年前已经形成，与地球上最早的生命大约形成于同一时间。地磁场就好像是在地球的中心放了一个大的磁棒，其产生的磁偶极子所形成的磁场。地磁场有两个极，S极和N极，分别位于北极和南极。自从有了指南针，人们就已经知道了地球有南北极两个对称的磁场。不过，地理位置上的南北两极和地磁场的两个磁场相近但是却不重合。

　　地磁场的磁场强度由磁力线的方向和大小来测量。为了准确地确定地球上某一点的磁场强度，经常采用的测量方法有磁偏角、磁倾角和磁场强度三个要素。当然地磁场也会受到外界的扰动影响，因此它并不是孤立的。由于太阳风的磁场不断对地球的磁场施加作用，地球的磁场不断地反

抗去阻挡太阳风磁场的长驱直入。所以太阳风绕过地球磁场继续向前行动，继而出现了被太阳风包围的地球磁场形成一个彗星撞的区域，因此就形成了地磁层。

地磁层存在于距离地球表面 600～1000 千米的高空，磁层顶在距离地面 5～7 万千米的磁层边界处。因为受到太阳风的作用，地球磁力线在北向太阳的一面不断延伸，像一条长长的尾巴，我们通常称其为磁尾。

在近代，有科学家指出基本磁场、变化磁场和磁异常才是真正组成地磁场的三个部分。基本磁场就是磁场主题的稳定磁场，在地磁场中约占99％以上；地磁场近似偶极的特性也是由它决定的，接近地表时相对较强，远离时则会弱一些。以前，人们认为地球本身就是一个大磁铁，所以它的周围自然存在磁场。可是后来又发现，在物质的居里温度过高时磁铁就会失去磁性。要知道，铁磁场的居里温度高达 500～700 摄氏度，那地球中心部的温度将比这高更多。因此，认为地球是一个庞大磁性体的说法被推翻。所以现在流行的地磁起源说法是自激发电机假说，也就是说地磁场起源于地球外地核圈层。因为外地核的液态可能是一个导电的流体层，发生差异运动或者对流的可能性更大些，会使原来的弱磁场增强，进而导致磁场进一步增强，才形成现在的基本磁场。而地球外部叠加在基本磁场上发生短期变化的磁场，我们就把它叫做变化磁场。它仅占地磁场不到1％的很小部分。变化磁场形成的主要因素有太阳的辐射、太阳带电粒子流和太阳黑子活动。在地球的内部，一些具有磁性的矿石和岩石也会引起磁场并叠加在基本磁场上，这样的情况被称为磁异常。

地球的磁场在不断发生变化，变化方式也是层出不穷。每一个地方的磁场方向、强度都会随时发生变化，也有可能会变小，甚至南北极发生大反转也不无可能。地磁场相当复杂，即使是在科学发达的今天，科学家依然无法预测在遥远的未来它会发生什么样的变化。

━━━━━ |拓展思考| ━━━━━

1. 地球自转时我们会不会有感觉？
2. 地球公转时我们会不会有感觉？
3. 地球运动的时候，我们是不是也在运动？

地球的内部构造

Di Qiu De Nei Bu Gou Zao

地球的构造很复杂，而地球的内部结构指的是地球内部的分层结构。科学家根据地震波在地下不同深度传播速度的变化，将地球的内部分为三个同心球层：地核、地幔和地壳。中心层是地核；中间是地幔；外层是地壳。我们常见的地震多发生于地壳之中。地壳的内部在不停地变化，因此产生了力的作用，这样才让地壳岩层变形、断裂、错动，因此才有了地震。而超

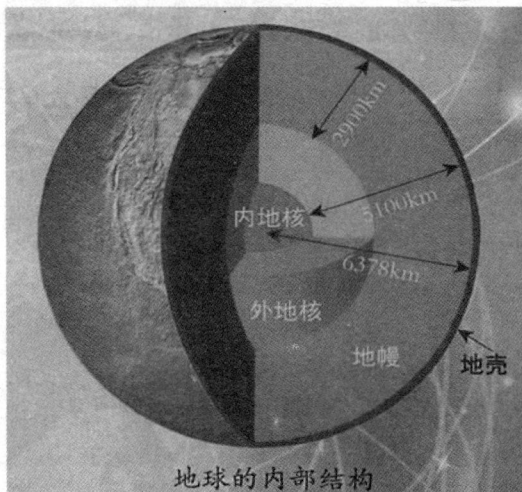

※ 地球内部结构图

级地震则是指震波极其强烈的大地震，它发生的频率占总地震 7％～21％，其破坏程度比原子弹还高出数倍，因此超级地震的影响相当广泛，同时也具有强大的破坏力。

◎地震

　　地球内部介质局部发生急剧的破裂，产生震波，从而在一定范围内引起地面振动的现象叫做地震。地震指的就是地球表层的快速振动，在古代的时候被称为地动。地震与刮风、下雨、闪电一样，都是地球上经常发生的一种自然现象。地震最直观、最普遍的表现就是大地振动。如果在海底或滨海地区发生的强烈地震，会引起巨大的波浪，被称为海啸。

　　今天的探测器虽然可以遨游太阳系外层空间，可是对人类脚下的地球内部却没有办法。到现在，世界上最深的钻孔也不过 12 千米，这连地壳都没有穿透。而科学家只能通过研究地震波、地磁波和火山爆发来得知地球内部的秘密。

◎地壳

地球的表面层是地壳，同时也是人类生存和从事各种生产活动的场所。实际上地壳是由多组断裂的、很多大小不等的块体组成的，它的外部呈现出高低起伏的形态，因而地壳的厚度并不均匀：大陆下的地壳平均厚度约 35 千米；海洋下的地壳厚度仅约 5～10 千米；整个地壳的平均厚度约 17 千米，这与地球平均半径 6371 千米相比，仅仅只是薄薄的一层。

地壳上层为花岗岩层（岩浆岩），由硅－铝氧化物构成；最下层为玄武岩层（岩浆岩），主要由硅－镁氧化物构成。在理论上认为地壳内的温度和压力随深度增加，每深入 100 米温度升高 1℃。不过近年的钻探结果表明，在深达 3 千米以上时，每深入 100 米温度升高 2.5℃，到 11 千米深处温度已达 200℃。

我们现在所知道的地壳岩石的年龄大部分都小于 20 多亿年，就算是最古老的石头丹麦格陵兰的岩石也仅有 39 亿年而已。天文学家经考证得知地球大约已有 46 亿年的历史，这就说明地球壳层的岩石并不是地球的原始壳层，而是后来由地球内部的物质通过火山活动和造山活动构成的。

▶ 知识链接 ....

　　地球表面以下、莫霍面以上的固体外壳是地壳，地震波在地壳中传播的速度相对较均匀。地球的厚度变化是有一定规律的，它的规律是：地球大范围固体表面的海拔越高，地壳越厚；海拔越低，地壳越薄。地壳由 90 多种元素组成，它们多以化合物的形态存在。氧、硅、铝、铁、钙、钠、钾、镁 8 种元素的质量占地壳总质量的 98.04%，其中氧几乎占 1/2，硅占 1/4，而在地壳中分布最广的就是硅酸盐类矿物。

◎地幔

地球的中间层也就是位于地壳下面的叫做"地幔"，厚约 2865 千米，构成其的主要物质是致密的造岩物质，它是地球内部体积最大、质量最大的一层。地幔可分为两层，分别为上地幔和下地幔。有人认为地幔顶部存在一个软流层，推测是由于放射元素大量集中，蜕变放热，将岩石熔融后造成的，很有可能是岩浆的发源地。软流层以上的地幔部分和地壳共同组成岩石圈。下地幔的温度、压力和密度都会增大，不过其物质可形成可塑性固态。主要由铁、镁的硅酸盐类矿物组成的地幔上层物质具有固态特征，由上而下，铁、镁的含量将会逐渐增加。

◎地核

在地幔的最下面就是地核，地核的平均厚度约 3400 千米。地核由外地核、过渡层和内地核组成，外地核厚度约 2080 千米，其主要物质呈可流动的液态；而过渡层的厚度大约 140 千米；内地核是一个半径为 1250 千米的球心，物质大概是固态的，主要由铁、镍等金属元素构成。地核的温度和压力都很高。因为横波不能在外核中传播，因此表明了外核的物质在高温和高压环境下呈液态或熔融状态。它们呈现"流动"状态，很有可能是地球磁场产生的主要原因。

| 拓展思考 |

1. 地球的内部构造对人们的生活有什么影响？
2. 科学家们是通过地球上的灾害了解地球的内部构造吗？
3. 地球的内部构造是一层一层的？

有趣的地球——我们美丽的家园

地球的外部构造

Di Qiu De Wai Bu Gou Zao

地球外圈分为四圈层，即大气圈、水圈、生物圈和岩石圈。

※ 地球外部构造示意图

◎大气圈

地球外圈最外部的气体圈层是大气圈，它包围着海洋和陆地。大气圈没有确切的上界，在2000～1.6万千米高空仍有稀薄的气体和基本粒子。在土壤和某些岩石中也会有少量空气，它们也可以被认为是大气圈的一个组成部分。氮、氧是地球大气的主要成分。因为地心的引力作用，差不多所有的气体都集中在离地面100千米的高度范围内，这其中有75％的大气又集中在地面至10千米高度的对流层范围内。大气分布的特征使对流层之上还可分为平流层、中间层、高层大气等。

◎水圈

海洋、江河、湖泊、沼泽、冰川和地下水等都是水圈的范围，它是一个连续但很不规则的圈层。如果从高空中看地球，就可以看到地球大气圈中水汽形成的白云和覆盖地球大部分的蓝色海洋，正是这样，地球还被称为是"蓝色的行星"。基中海洋水的质量大约为陆地（包括河流、湖泊和表层岩石孔隙和土壤中）水的 35 倍。除去地球上的固体部分的起伏，全球将会被深达 2600 米的水层所均匀覆盖。

◎生物圈

由于存在地球大气圈、地球水圈和地表的矿物，再加上地球上这个合适的温度条件，就形成了适合生物生存的自然环境。人们所说的生物，指的是有生命的物体，包括植物、动物和微生物。有数字统计，现有生存的植物约有 40 万种，动物约有 110 多万种，微生物至少有 10 多万种。有科学家统计，在地质历史上曾经生存过的生物大约有 5～10 亿种之多，然而，在地球漫长的演化过程中，有很大一部分都灭绝了。现存的生物生活在岩石圈的上层部分、大气圈的下层部分和水圈的全部，构成了地球上一个独特的圈层，被称为生物圈。生物圈与其他圈层相比有几个不同点：第一，其他圈层是由无机物组成的，而生物则构成了生物圈的主体，是一个非常活跃的圈层；第二，其他圈层都具有相对独立的空间结构，而生物圈则渗透于其他圈层之中，形成一个特殊的结构。生物圈可以说是太阳系中所有行星中仅仅只有地球上才存在的独特圈层。

◎岩石圈

岩石圈主要由地壳和地幔圈中上地幔的顶部组成，从固体地球表面向下穿一直延伸到软流圈。岩石圈的厚度是不一样的，平均厚度约为 100 千米。因为岩石圈及其表面形态与现代地球物理学、地球动力学有着密切的关系，所以，现代地球科学中研究得最多、最详细、最彻底的固体地球部分就是岩石圈。

| 拓展思考 |

1. 地球的外部构造是不是起到保护地球的作用？
2. 地球的外部构造会不会很容易被破坏？
3. 如果地球的外部构造遭到破坏，那么我们的生活会不会受到影响？

神奇的陆地

第二章

SHENQIDELUDI

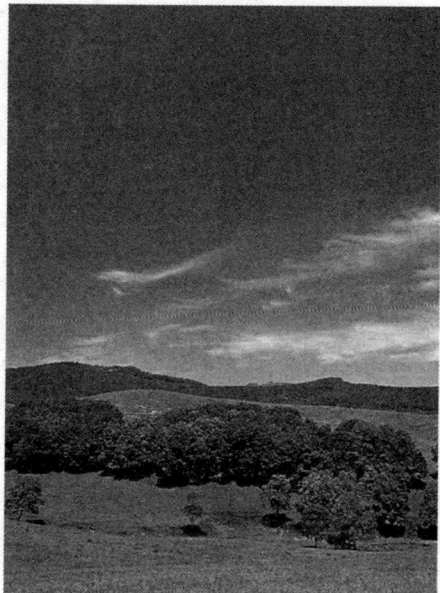

我们生活在陆地上，那么你对这个神奇的陆地了解多少？你是否也向往那美丽的草原？盆地是如何形成的？山脉是如何形成的？你对世界上的山脉了解多少？我们一起去揭开沙漠的面纱，一起去欣赏那千姿百态的丘陵，走进那茂密的森林，一起感受大陆上的美丽风光。

美丽的草原

Mei Li De Cao Yuan

连绵不绝的被小型的禾草植物覆盖而形成了草原，因为草原上的气候条件适合这种小型的禾草覆盖植物生长，那些高大的乔木和灌木难以适应草原上的环境。

◎草原的特征

全世界分布最广的植被类型几乎都在草原上，按照草原所处的气候带，草原可以分为：热带草原、温带草原、荒漠草原和高山草原。有绝大多数的草原都是炎热而干燥的，可是却不会像沙漠那样干热。温带草原比热带草原干燥一些，冷一些（冬季）。而热带草原季节性温度变化很小，但是温带草原温度的变化可以达到 40℃。草原上的

※ 辽阔的草原

特殊气候与地质条件的形成，与不同类型的土壤有很大的关系。

知识链接

据生物学和生态特点，可以将草原划分为四个类型：
（1）草甸草原；
（2）平草原（典型草原）；
（3）荒漠草原；
（4）高寒草原。

草原是优良的天然牧场，所以草原是最重要的畜牧基地。此外，草原上还分布着不少药用植物和各种草原动物，这些动物有良好的视觉和灵敏的嗅觉及听觉。天然的草原为动物们提供了一个很好的自然环境，所以草原的动物多有体型庞大和发达的肢体。

◎呼伦贝尔东部草原

中国的内蒙古自治区的东部有一个呼伦贝尔草原，北于额尔古纳河为界与俄罗斯接壤，西同蒙古国接壤，我国最大的温带草原就是呼伦贝尔草原。

呼伦贝尔是中国少数民族和游牧民族的发祥地之一，是多民族聚居区，其中包括蒙古、达斡尔、汉、鄂温克等 35 个少数民族在这里聚居。

※ 呼伦贝尔东部草原

呼伦贝尔草原的天然草场面积占 80％，有天然种子植物 653 种，其中菊科最多。牧草茂密，每平方米生长 20 多种上百株牧草。天然芦苇 70 多万亩，药材 428 种，兽类 35 种，禽类 241 种，鱼类 60 余种。草原白磨、秀丽白虾、三河牛、蒙古羊等享誉国内外。因为呼伦贝尔大草原广袤无垠，并且没有受到工业的污染，所以有"北国碧玉"之称。

新疆维吾尔自治区新源县那提拉镇境内有一个伊犁草原，这个地区的降水量可达 800 毫米，因此对牧草的生长非常有利，载畜量也很高。伊犁河谷重要的气候资源就是逆温层，伊犁河谷北有天山作为屏障，所以冷空气不易入侵，就算是在严寒的冬季，这里的平均气温也只有零下 10℃～12.5℃。另外加上

※ 伊犁草原

盆地和谷地的作用，使冬季在谷地浅山和丘陵区边缘等坡地上，形成有不同厚度的逆温层，也就是坡面的气温高于谷底的现象。畜牧和草木在这样优良的气候条件下更能良好成长，所以这种气候就成为了农林牧业发展极为有利的天然资源。

逆温层是不会受到冷空气和暴风雪袭击的，所以在伊犁河流域的逆温层带仍然存在着世界罕见的野苹果、樱桃李、黑加仑等 17 种野果。中国的三大草原之一其中就有伊犁草原，同时，伊犁草原也是春季踏青赏花和旅游的理想圣地。

鄂尔多斯大草原的真实写照就是"天苍苍，野茫茫，风吹草低见牛

羊"。鄂尔多斯大草原的总面积为 1200 平方千米，可是原视野范围长 40 千米，宽 30 千米。西高东低，东部主要分布的是丘陵沟壑区，西部为草原区是鄂尔多斯市的地貌特征为，它属于典型的温带大陆性气候。每年鄂尔多斯大草原的年降水量都在 190 毫米～350 毫米，它属于半荒漠草原。

内蒙古大草原位于中国的内蒙古自治区，内蒙大草原的真实写照就是"蓝蓝的天上白云飘，白云下面马儿跑"。内蒙古自治区是中国横跨经度最大的省区，土地总面积达 118.3 万平方千米，占到了全国总面积的 12.3%。以高原为主，由南向北，由西向东缓缓倾斜是内蒙古的地形。内蒙古高原的平均海拔在 1000 米～1500 米，以草原居多，草原上分布着辽阔的草甸群，是中国最佳的天然草场之一。在这个草原上不仅有美丽动人的风光，草原上的人们热情好客，是我们旅游、休闲的最佳选择。

※ 鄂尔多斯大草原

※ 内蒙古大草原

| 拓展思考 |

1. 草原对我们的生活有什么作用？
2. 如果有一天草原没有了，那我们的生活会变成怎样？
3. 草原的气候是怎样的？

绵延起伏的山脉

Mian Yan Qi Fu De Shan Mai

因为山脉像脉状所以才被称为山脉，它是沿一定的方向延伸，其中包含了由若干条山岭和山谷组成的山体。当然山脉和山地是不一样的，山脉是由地壳运动的内应力的作用，有明显褶皱；而山地在一定力的作用下，没有明显的褶皱现象。由主体的山岭构成的是主脉，

※ 绵延的山脉

由主脉延伸出去的山岭所构成的是支脉。世界上著名的山脉有喜马拉雅山脉，阿尔卑斯山脉和安第斯山脉等。

◎山的形成

因为地壳的断层和褶皱才导致山脉的形成。新山系高耸而呈锯齿状；老山系则因受风化和侵蚀作用的破坏，显得圆滑。也有人说山脉是凝华与冷凝形成的，因此从高处看山脉很像凝华的窗花。

▶ 知识链接

· 种 类 ·

以下四种是山脉按照其形成的方式可分为的类型：

1. 褶皱山的两个板块相互推挤，地壳会弯曲变形，形成山脉。

2. 火山岩浆从地球深处岩浆仓喷发出来形成火山，喷射出的熔岩、火山灰和岩块形成高高的火山锥。

3. 断层山地球板块互相碰撞，使地壳出现断层或裂缝，巨大岩块受挤上升。

4. 冠状山地壳下的岩浆往上涌，使地球表层的岩石向上隆起，形成冠状山。

有趣的地球——我们美丽的家园

◎世界十大著名山脉

1. 安第斯山脉山脉平均海拔 3660 米，其中有许多高峰终年积雪，海拔超过 6000 米。其东西宽的平均是 241 千米，最宽处在阿里卡至圣他克卢斯之间，宽约 750 千米。它长约 7500 千米，是喜马拉雅山脉的三倍，同时也是陆地上最长的山脉，相对于海底及地球最长的山脉中洋脊（长约 8000 千米）。

2. 阿尔卑斯山是位于欧洲的著名山脉，它可以被细分为三个部分：从地中海到勃朗峰的西阿尔卑斯山，从奥斯特谷（意大利西北部一自治区）到布勒内山口（奥地利和意大利交界处）的中阿尔卑斯山，从布勒内山口到斯洛文尼亚的东阿尔卑斯山。它覆盖了意大利北部边界、法国东南部、瑞士、列支敦士登、奥地利、德国南部及斯洛文尼亚。阿尔卑斯山共

※ 阿尔卑斯山

有 128 座海拔超过 4000 米的山峰，其中最高峰勃朗峰山脉呈弧形，长 1200 千米，平均海拔约 3000 米，位于法国和意大利的交界处。

3. 大分水岭山脉位于澳大利亚东部，主要山脉长约 3000 千米，宽约 200～300 千米。北起约克角半岛，南至维多利亚州，与海岸线大致平行，最高峰科修斯科山海拔 2230 米为澳洲大陆最高点，该岭是印度洋和太平洋水系的分水岭，故而得名。

4. 昆仑山脉山脉全长 2500 余千米，宽 130～200 千米，平均海拔 5500～6000 米，西窄东宽，总面积达 50 多万平方千米。昆仑山脉西起帕米尔高原东部，东到柴达木河上游谷地，北邻塔里木盆地与柴达木盆地。一般认为最高峰是慕士山（海拔 7282 米），位于新疆维吾尔自治区和田南面，可是实际上却是公格尔山（海拔 7719 米）最高。

5. 阿特拉斯山脉长 2400 千米，位于非洲西北部，横跨摩洛哥、阿尔及利亚、突尼西亚三国（并包括直布罗陀半岛），把地中海西南岸与撒哈拉沙漠分开。图卜卡勒峰是其最高峰，位于摩洛哥西南部。

6. 世界海拔最高、最雄伟的山脉是喜马拉雅山脉，它全长 2400 千米，位于亚洲的中国与尼泊尔之间，分布于青藏高原南缘，西起克什米尔

的南迦 — 帕尔巴特峰，东至雅鲁藏布江大拐弯处的南迦巴瓦峰，喜马拉雅山脉约有 70 多个山峰，其主峰珠穆朗玛海拔的高度为 8844.43 米。根据板块构造学得出的结论，喜马拉雅山脉是由印度板块与欧亚大陆板块碰撞形成的。目前的喜马拉雅山仍然在缓慢上升中。

※ 喜马拉雅山脉

7. 中国新疆维吾尔自治区北部和蒙古西部有一座阿尔泰山脉。它长约 2000 千米，海拔 1000～3000 米，西北延伸至俄罗斯境内，呈西北—东南走向。这座山脉上森林、矿产资源丰富。从古代汉朝的时候就有人开采金矿，到清朝的时候在这座山中淘金的人已多达 5 万多人。

8. 中国境内主要山脉之一祁连山脉位于青藏高原北缘，平均海拔 4000 米以上，长约 2000 千米，宽 200～500 千米，地跨甘肃和青海，西接阿尔金山山脉，东至兰州兴隆山，南与柴达木盆地和青海湖相连。祁连山脉西北至东南走向，由数条近似平行的山脉组成，平原河谷占山地面积的 1/3 以上。

9. 秦岭是中国境内东西走向的一座山脉，长约 1500 千米。秦岭的最高峰是太白山，高 3763.2 米，是中国大陆东半壁的第一高峰（号称群峰之冠）。它的西端在甘肃省境内，东段到河南省西部，主体位于陕西省的南部与四川省交界处。秦岭同时也是长江流域与黄河流域的分水岭。

10. 念青唐古拉山脉位于西藏自治区中东部，全长 1400 千米，平均宽 80 千米，平均海拔 5000～6000 米。呈东西走向，西侧冈底斯山脉，东侧横断山脉。

| 拓展思考 |

1. 山脉是从很早以前就形成的吗？
2. 山脉有什么作用？
3. 山脉有一天会不会消失？

揭开沙漠的神秘面纱

Jie Kai Sha Mo De Shen Mi Mian Sha

沙漠是指地面完全被沙所覆盖、植物非常稀少、雨水稀少、空气干燥的荒芜地区。沙漠亦作"沙幕",指地面完全为沙所覆盖,干旱缺水,植物稀少的地区。

地球陆地的 1/3 是沙漠,沙质荒漠被称为沙漠。因为那里的水极少,一般以为沙漠荒凉无生命,所以有"荒沙"之称。与陆地上其他的区域相比,沙漠中的生命并不多,可是仔细探查发现沙漠中其实藏着很多动物,不过大多数是晚上出来活动。

※ 荒芜的沙漠

沙漠地域泥土很稀薄,植物也很少,大多是沙滩或沙丘,沙下岩石也经常出现。有些沙漠就是整个盐滩根本就没有草木生长。沙漠一般是风成地貌。

当然沙漠也不是一无所有,那里有时会有可贵的矿床,近代在沙漠发现了很多石油储藏。沙漠本来就少有居民居住,因此资源开发比较容易。沙漠的气候干燥,但它却是考古学家的乐园,因为在那里可以找到很多人类的文物和更早的化石。

▶ 知识链接

· 全球沙漠占陆地的百分比 ·

全世界陆地面积为 1.62 亿平方千米,占地球总面积的 30.3%,其中约 1/3(4800 万平方千米)是干旱、半干旱荒漠地,而且每年以 6 万平方千米的速度扩大着。而沙漠面积已占陆地总面积的 10%,还有 43% 的土地正面临着沙漠化的威胁。

◎成因

植被破坏之后，地面失去覆盖，这就是沙漠化。

因为气候干旱再加上大风的作用，绿色的原野就逐步变成类似沙漠景观的过程。在干旱和半干旱区会出现土地沙漠化。形成沙漠的关键因素是气候，但是在沙漠的边缘地带，有些植被是因为人为的原因而沙化了，这些人为的原因包括以下几个方面：

（1）不合理的农垦：不管是在沙漠地区或者是原生草原地区，一经开垦，土地即行沙化。在1958～1962年间，片面地理解大办农业，在牧区、半农牧区及农区不加选择，乱加开荒，1966～1973年间，又片面地强调以粮为纲，于是在牧区出现了滥垦草场的现象，致使草场沙化急剧发展。由于风蚀严重，沙荒地区开垦后，最初1～2年单产尚可维持二三十千克，以后连种子都难以收回，只有弃耕，加开一片新地，这样导致"开荒一亩，沙化三亩"。有统计表明，仅鄂尔多斯地区开垦面积就达120万公顷，这样就造成120万公顷草场遭到了不同程度的沙化。

（2）过度放牧：因为牲畜过多，导致草原的产草量供应不足，有很多优质的草种还没到结种或者成熟的时候就被吃掉了。牲畜中有一大半都是山羊，它们的行动很快，善于剥食沙生灌木茎皮，刨食草根，再加上践踏，就使得草原产草量越来越少，最后形成沙化土地，形成恶性循环。

（3）不合理的樵采：从历史上来看，樵采是造成我国灌溉绿洲和旱地农业区流沙形成的重要因素之一。

◎世界十大沙漠

世界上大型沙漠俱乐部成员之一塔克拉玛干沙漠，它位于塔里木盆地，沙漠覆盖面积为27万平方千米。从面积上来看，它在众多非极地沙漠中位居第15位。塔克拉玛干沙漠的北缘和南缘都有丝绸之路的支线穿过。在2008年，这片"中国沙漠之最"经历了有史以来最大的

※ 被雪覆盖的沙漠——塔克拉玛干沙漠

降雪和最低的气温，持续降雪11天。整片沙漠都被冰雪覆盖，在沙漠中这样大规模的降雪还是非常罕见的。

◎蓝湖沙漠——巴西的拉克依斯－马拉赫塞斯

全球30％的淡水资源都储备在巴西，因为这里拥有世界上最大的热带雨林。在这样一个国家居然也能找到沙漠，实在难以置信。拉克依斯－马拉赫塞斯国家公园位于巴西北部的马伦容州，占地面积300平方千米，公园内遍布雪白的沙丘和深蓝的湖水，堪称世界一绝。

为什么这里的沙漠中又会出现蓝湖呢？它的与众不同之处就在于它的降雨量，它虽然貌似沙漠，可是其年降雨量可达1600毫米，比撒哈拉沙漠高出300倍之多，雨水注满了沙丘间的坑坑洼洼，形成清澈的蓝湖。在干旱季节，湖水被完全蒸发掉。可是在雨季过后，湖中依然有各种各样的鱼类、龟和蚌类，似乎它们一直就在里面。对于这种现象有两种假设：第一种说法是，它们的蛋或卵就埋在沙子下面，雨季来了，就孵化而出；另一种说法则是"不辞辛苦"的鸟类将它们的蛋或是卵一趟趟地带过来的。

◎最大的盐沙漠——玻利维亚的乌尤尼盐原

玻利维亚的标志性景观就是盐原，4万年以前，这片地区曾是史前巨湖明清湖的一部分，之后，湖水干涸，剩下两个大咸水湖：普波湖与乌鲁乌鲁湖，以及两大盐沙漠，即乌尤尼盐原与科伊帕萨盐原，其中前者较大。从面积上看，乌尤尼盐原是美国博

※ 玻利维亚的乌尤尼盐原

纳维尔盐滩的25倍。它位处高原之中，沙漠广阔且近乎平坦，与天空浑然一体。据估计，这里的盐量大约100亿吨，目前，每年的开采量不到2.5万吨。沙漠中有几个湖，由于各种矿物质的作用，湖水呈现出奇怪的颜色。

◎埃及的白色沙漠

"白色沙漠"是到埃及法拉法拉绿洲旅游绝对不能错过的一大景观，这里的沙子呈奶油一样的雪白色，和周围的黄色沙漠形成鲜明的对比。沙漠位于法拉法拉以北45千米处。

◎鲜花盛开的沙漠——智利的阿他卡马沙漠

阿塔卡马沙漠位于安第斯山脉以西，并沿着南美大陆的太平洋海滨呈长条状，占据了智利领土很大的一部分。可是，到了南回归线靠近安托法加斯塔一带，海雾带来了大量的水分，为沙漠中的植物生长提供了必要条件。在干旱的年份，为了生存、繁殖，植物生长会被推迟。多亏了海雾和"储水"的本领，许多植物存活了下来。

◎纳米比亚的纳米比沙漠

纳米比亚这个国家正是因纳米比沙漠而得名，纳米比沙漠位于非洲的南部，它没有北边的撒哈拉沙漠面积大，但是却更加令人印象深刻。纳米比沙漠位于南非的西海岸线上，即众所周知的骷髅海岸，这条荒凉的海岸线上到处都是失事船只。已变成化石的远古树木屹立在纳米比沙漠的死亡谷中，它们背后是红色的沙丘。世界上最古老的沙漠被人们认为是纳米比沙漠，它还拥有全球最高的沙丘，其中一些竟然高达300米，这些沙丘环绕在索苏维来周围。

如果去那里旅行能够看到纳米比沙漠中的大象是很幸运的，因为它是世界上唯一一处能够看到大象的沙漠。作为世界上最古老的沙漠，纳米比沙漠地区有很多动物和植物的化石。近些年来，纳米比沙漠就像磁石一样吸引着地质学家们，至今人类仍然对它知之甚少。

◎澳大利亚辛普森沙漠

澳大利亚辛普森沙漠由于铁质物质的长期风化使沙石裹上了一层氧化铁的外衣，让这个沙漠因其鲜艳的红色闻名于世。一望无垠的沙漠就像是一团火，在阳光照耀下更显得壮丽异常。

◎埃及黑色沙漠——沙漠中的黑色石头

埃及的黑色沙漠就位于法拉夫拉白色沙漠东北100千米远的地方，它所在的地区是火山喷发所形成的山地，那里到处都是黑色的小石头。不过这些石头的颜色并没有人们想象的那样黑，它呈现的是棕橙色。

◎世界上最大的沙漠——撒哈拉沙漠

世界上最大的沙漠就是撒哈拉沙漠，其面积为 860 万平方千米占据了北非大部分地区。这里约有 400 万人居住，撒哈拉覆盖了西撒哈拉、阿尔及利亚、利比亚、埃及、苏丹、乍得、马里以及毛里塔尼亚的大部分地区。

※ 撒哈拉沙漠

◎最干燥却也是最潮湿的"沙漠"

南极洲有着世界上最极端的气候，正是因为如此才导致这片大陆一直无人居住，那里太过严寒。1983 年，科学家记录下了那里的极端低温：华氏零下 129 度（约合摄氏零下 89 度）。南极洲可以说是世界上最干燥的地方，不过同时它也是最"湿润"的，并不是因为它降雨量大就说它湿润，而是因为它 98% 的面积都被冰雪覆盖。因为南极洲每年的降雨量不足 5 厘米，所以它也称得上是"沙漠"。

◎在沙漠中求生的原则

1. 首先得喝足够多的水，去的时候带上足够多的水，学会在沙漠找水；
2. 要"夜行晓宿"，不要在烈日下行动；
3. 动身前一定要通告自己的前进路线，动身与抵达的日期；
4. 前进过程中留下记号，以便救援人员寻找；
5. 学会寻找食物的方法；
6. 学会发出求救信号的各种方法。

| 拓展思考 |

1. 沙漠里面的沙子是从什么地方来的？
2. 沙漠是从很早以前就有的吗？
3. 如果去沙漠旅行应该做哪些准备？

千姿百态的丘陵
Qian Zi Bai Tai De Qiu Ling

世界五大陆地基本地形之一的丘陵，是指地球表面形态起伏和缓，绝对高度在 500 米以内，相对高度不超过 200 米，由各种岩类组成的坡面组合体。坡度一般较缓，切割破碎，无一定方向。丘陵地貌在世界很多地方是人类比较理想的经济林木发展区，是人类创造文明的主要理想地之一。中国自北

※ 丘陵

至南主要有辽西丘陵，淮阳丘陵和江南丘陵等。黄土高原上有黄土丘陵，长江中下游河段以南有江南丘陵。世界上最大的丘陵为哈萨克丘陵。

◎丘陵的形成原因

它的形成主要由于风化不稳定的山坡滑动和下沉风造成的堆积，冰川造成的堆积，植被造成的堆积，河流造成的侵蚀。除此之外，还有露天开矿造成的堆积、古代居民点造成的堆积等等。此外，还有园林工艺故意造成的丘陵地区。

▶ 知识链接

·丘陵分类·

按相对高度分为：200 米以上为高丘陵，200 米以下为低丘陵。

按坡度陡峻程度分为：>25°以上称陡丘陵，<25°称缓丘陵。

按成因又可以分为：构造丘陵、剥蚀—夷平丘陵、火山丘陵、风成沙丘丘陵、荒漠丘陵、岩溶丘陵及冻土丘陵等；

按不同岩性组成可分为：花岗岩丘陵、火山岩丘陵、各种沉积岩丘陵，如红土丘陵、黄土梁峁丘陵等；

按分布位置可分为：山间丘陵、山前丘陵、平原丘陵，在洋底，称为海洋丘陵等。

丘陵地区，尤其是靠近山地与平原之间的丘陵地区，往往由于山前地下水与地表水由山地供给而水量丰富，自古就是人类依山傍水，防洪、农耕的重要栖息之地，也是果树林带丰产之地。因其风景别致，可辟为旅游胜地。

◎世界最大的丘陵

哈萨克丘陵也被称为"哈萨克褶皱地"，哈萨克斯坦中、东部丘陵。东西长约 1200 千米，南北宽约 400～900 千米。海拔 300～500 米。位于哈萨克斯坦中部，北接西西伯利亚平原，东缘多山地，西南部为图兰低地和里海低地。西部比较平坦，平均海拔 300～500 米，宽达 900 千米；东部较高，平均海拔 500～1 000 米，宽 400 千米，地表受强烈切割。

哈萨克丘陵面积约占哈萨克斯坦的 1/5。经过长时间的风化侵蚀，地表较平坦，多沙丘和盐沼。由于深居内陆，地面又坦荡单调，年降水量仅200 毫米左右。有克孜勒塔斯（海拔 1566 米）、卡尔卡拉雷（海拔 1403 米）、乌卢套、肯特（海拔 1469 米）和科克切塔夫等山。为古老的低山台地。7月平均气温 24℃，冬季由于北

※ 哈萨克丘陵

部没有高山屏障，北方冷气团长驱直入，气温可降至－30℃以下，是典型的大陆性干旱半干旱气候，属荒漠、半荒漠地带。东南部在巴尔喀什湖附近为荒漠带。自北向南分属草原带（已开辟大片耕地）、半荒漠带。山区有松林。生荒地用作牧场。矿产资源主要有铜、铅、锌、铬、煤、铁、石油、天然气和铝土矿等。

| 拓展思考 |

1. 什么样的地形可以被称为是丘陵？
2. 丘陵对我们的生活有什么影响？
3. 丘陵有什么作用？

有趣的地球——我们美丽的家园

茂密的森林

Mao Mi De Sen Lin

高密度树木的区域被称为是森林，森林包括乔木林和竹林，这些植物群落覆盖面极广，并且对二氧化碳下降、动物群落、水文湍流调节和巩固土壤起着重要作用，是构成地球生物圈当中的一个最重要方面。森林是由树木为主体所组成的地表生物群落，它具有丰富的物种，复杂的结构，多种多样的功能。

※ 茂密的森林

◎森林类型

中国现有原生性森林已经不多，它们主要集中在东北、西南天然林区。按森林外貌划分，针叶林和阔叶林面积约各占一半，前者占 49.8%，后者占 47.3%，其余 3% 为针阔叶混交林，现分述如下：

一、针叶林

针叶林在中国的分布非常广泛，不过作为地带性的针叶林则只见于东北和西北两隅以及西南、藏东南的亚高山针叶林，这些针叶林不仅植物组成丰富，而且还栖息着大量的动物种类，成为众多特有种类的栖息地和避难所。其余的则常为次生性针叶林，如各种次生松林，更多的则是人工营造而成，如杉木林等。

1. 北方针叶林和亚高山针叶林

在分布区和地理环境方面，

※ 针叶林

差异很大，但都属于亚寒带类型，其外貌、组成、结构都十分相似。它们分别作为高纬度水平地带性植被和较低纬度的亚高山带植被类型。

（1）落叶松林

中国的落叶松属有 10 个种和 2 个变种，主要的建群种有落叶松、西伯利亚落叶松、华北落叶松、太白红杉、四川红杉、大果红杉和西藏落叶松等。

（2）云杉、冷杉林

中国的云杉林和冷杉林大多属山地垂直带类型，分布广、蓄积量最大。西南山地主要有丽江云杉、川西云杉、林芝云杉林、麦吊油杉等等。东北地区主要建群种为鱼鳞云杉、红皮云杉、臭冷杉、华北为白杆、青杆。向西至西北一带为青海云杉、雪岭云杉和西伯利亚冷杉。

（3）松林

主要建群种有樟子松、偃松和西伯利亚红松。

（4）圆柏林

主要分布于西南和西部山地亚高山森林带上部的阳坡，海拔高度在2800～4500 米之间，主要建群种有方枝圆柏、祁连圆柏、垂枝香柏、大果圆柏、塔枝圆柏和曲枝圆柏等。

2. 暖温带针叶林

主要分布在华北和辽东半岛，主要的建群种有油松、赤松、侧柏和白皮松。

3. 亚热带针叶林

此针叶林的类型很多，如马尾松、云南松、细叶云南松、卡西亚松、华山松、高山松、杉木等。

4. 热带针叶林

树种很少，且多零星分布，不成林，如南亚松、海南五针松和喜马拉雅长叶松。

二、针叶与落叶阔叶混交林

1. 红松阔叶混交林

具有中国温带地区的地带性类型的园林是红松阔叶混交林，主要分布于东北长白山和小兴安岭一带山地，向东一直延伸至俄罗斯阿穆尔州沿海地区以及朝鲜北部，主要建群种是红松和一些阔叶树，如：核桃楸、水曲柳、紫椴、色木、春榆等。

2. 铁杉、阔叶树混交林

主要分布在中国亚热带山地。亚热带西部山地海拔较高，在海拔2500～3000 米之间形成特殊的针阔混交林带，喜马拉雅铁杉与阔叶树混

交林常常占据主要的地位。是常绿阔叶林向亚高山针叶林过渡的一种垂直带森林类型，主要有长苞铁杉和铁杉与壳斗科植物混交的森林。

三、阔叶林

1. 落叶阔叶林

广泛分布在温带、暖温带和亚热带的广阔范围。主要的森林类型有华北、西北地区的落叶阔叶混交林、栎林、赤杨林、钻天柳林、尖果沙枣林；由亚热带常绿阔叶林被破坏后形成的栗树林、拟赤杨林、枫香林；北方针叶林和亚高山针叶林的次生林类型的山杨林和桦木林以及发育在亚热带山地的山毛榉林和亚热带石灰岩山地的化香林、青檀、榔榆林和黄连木林等。

※ 针叶与落叶阔叶混交林

※ 茂密的阔叶林

2. 常绿阔叶林

常绿阔叶林的优势种不明显，经常由多种共建种组成。有青冈林、拷类林、石栎林、润楠林、厚壳桂林、木荷林、阿丁枫林、木莲林。常绿阔叶林是中国湿润亚热带森林地区的地带性类型，所含物种丰富，就高等植物而言，约占全国种类的1/2以上。

3. 硬叶常绿阔叶林

在川西、滇北和藏东南一带曾为古地中海的地区，有类似地中海硬叶常绿阔叶林残遗的群落存在，主要见于海拔2000~3000米的山地阳坡，一般山地常见的类型以滇高山栎林、黄背栎、长穗高山栎林、帽斗栎林、川西栎林、藏高山栎林。而河谷地区常见有铁橡栎林、锥连栎林、光叶高山栎林和灰背栎林的分布。

4. 落叶阔叶与常绿阔叶混交林

它又可分成几种不同的类型，如分布在北亚热带地区的落叶常绿阔叶混交林，主要见于东部亚热带山地海拔1000~1200米以上至2200米左右的山地常绿、落叶混交林，以及分布于亚热带石灰岩山地的石灰岩常绿、落叶阔叶混交林等。所以这类森林种类组成相当复杂。

5. 季雨林

中国季风热带的地带性代表植被类型，它们多数属于长期衍生群落性质，如麻楝林、毛麻栎林、中平树林、山黄麻林、劲直刺桐林、木棉林、楹树林、海南榄仁树林、厚皮树林、枫香、红木荷林等最为常见。大多数分布在较干旱的丘陵台地、盆地以及河谷地区。

6. 雨林、季节性雨林

多见于我国热带地区海拔 500～700 米以上山地，海南岛一带山地以陆均松、柯类等为主，云南南部则多为鸡毛松、毛荔枝等，石灰岩季节性雨林主要见于广西南部，组成种繁多。

▶知识链接

· 森林的益处 ·

1. 改善空气质量；
2. 缓解"热岛效应"；
3. 减少泥沙流失；
4. 涵养水源；
5. 减少风沙危害；
6. 丰富生物品种；
7. 增加景点景区；
8. 带动种苗、花卉产业；
9. 减轻噪音污染；
10. 优化投资环境；
11. 美化自然环境；
12. 调节温度。

|拓展思考|

1. 森林是从什么时候开始形成的？
2. 是不是有很多树的地方就称为是森林？
3. 森林对我们的生活有什么帮助？

广袤的水域

GUANGMAODESHUIYU

第三章

海洋是怎样形成的？海水是从哪里来的？近两个世纪以来，人类有关海洋起源与演化问题的知识已取得很大进展。现在就让我们一起进入原始海洋世界中，感受海洋的神秘与美丽。

人类的生活离不开水，那么你对地球上广袤的水域了解多少？那蜿蜒曲折的河流，那壮观的瀑布，你对瀑布又认识多少？现在让我们一起走进水的世界。

天然水库—— 湖泊

Tian Ran Shui Ku——Hu Po

内陆洼地中相对静止、有一定面积，不与海洋发生直接联系的水体是湖泊。

从地球的历史来看，湖泊只是暂时性存在的水体，就会受到泥沙淤积而慢慢陆化；除了少数古老湖泊，如贝加尔湖，绝大多数湖泊的形成年代都只能追溯到更新世冰河时期。

※ 湖泊

▶ **知识链接**

· 湖泊之最 ·

最大的湖泊及咸水湖：里海

最大的淡水湖：苏必略湖

最大的人工湖：沃尔特水库

最大的火山湖：多巴湖

最深的湖泊及淡水湖：贝加尔湖

最深的咸水湖：死海

最高的湖泊及咸水湖：纳木错湖

最高的淡水湖：玛法木错湖

最低的湖泊：死海

最咸的湖泊：死海

最长的湖泊：坦干依喀湖

最古老的湖泊：贝加尔湖

蓄水量最多的咸水湖：里海

蓄水量最多的淡水湖：贝加尔湖

蓄水量最多的人工湖：布拉茨克水库

◎作用与分布

严格区分湖泊、池塘、沼泽、河流以及其他非海洋水体的定义还没有完全建立起来，然而，一般可以认为，河流运动比较快；沼泽内生长着大量的草、树或灌木；池塘比湖泊小。按照地质学定义，湖泊是暂时性水体。在全球水文循环过程中，淡水湖作用极小，其水量仅占全球总水量的 0.009%，尚不足陆地上淡水总量的 0.0075%。然而，淡水湖 98% 以上的水量是可供利用的。尽管湖泊遍布全世界，但北美洲、非洲和亚洲大陆的湖泊水量就占世界湖水总量的 70%，而其余的大陆湖泊较少。全球湖泊淡水总量为 125000 立方千米，大约 4/5 的淡水储存在 40 个大湖中。

◎分布

世界湖泊的分布很广，中国湖泊众多，面积大于 1 平方千米的约 2300 个，总面积达 71000 多平方千米（20 世纪 80 年代数据数据）。另一说为 2848 个，面积为 83400 平方千米（20 世纪 50 年代数据）。中国最大的湖泊是青海湖，其面积为 4000 多平方千米。西藏的纳木错湖在全球湖面积为 1000 平方千米以上的湖泊名单中，是海拔最高的湖泊，其湖面高程为 4718 米。位于长白山上的天池是中国最深的湖泊，水深达 373 米。柴达木盆地的察尔彝盐湖，以丰富的湖泊盐藏量著称于世。

◎湖泊分类

按其成因可分为以下九类：

构造湖：是在地壳内力作用形成的构造盆地上经储水而形成的湖泊。构造湖一般具有十分鲜明的形态特征，即湖岸陡峭且沿构造线发育，湖水一般都很深。其特点是湖形狭长、水深而清澈，如云南高原上的滇池、洱海和抚仙湖；青海湖、新疆喀纳斯湖等。同时，还经常出现一串依构造线排列的构造湖群。

火山口湖：系火山喷火口休眠以后积水而成，其形状是圆形或椭圆形，湖岸陡峭，湖水深不可测。白头山天池深达 373 米，为中国第一深水湖泊。

堰塞湖：由火山喷出的岩浆、地震引起的山崩和冰川与泥石流引起的滑坡体等壅塞河床，截断水流出口，其上部河段积水成湖，如五大连池、镜泊湖等。

岩溶湖：是由碳酸盐类地层经流水的长期溶蚀而形成岩溶洼地、岩溶漏斗或落水洞等被堵塞，经汇水而形成的湖泊。比如贵州省威宁县的草海。

冰川湖：是由冰川挖蚀形成的坑洼和冰碛物堵塞冰川槽谷积水而成的湖泊，如新疆阜康天池，又称瑶池，相传是王母娘娘沐浴的地方。

风成湖：沙漠中低于潜水面的丘间洼地，经其四周沙丘渗流汇集而成的湖泊。比如，敦煌附近的月牙湖，四周被沙山环绕，水面酷似一弯新月，湖水清澈如翡翠。

河成湖：由于河流摆动和改道而形成的湖泊，它又可分为三类：一是由于河流摆动，其天然堤堵塞支流而潴水成湖。如鄱阳湖、洞庭湖、江汉湖群、太湖等。二是由于河流本身被外来泥沙壅塞，水流宣泄不畅，潴水成湖。三是河流截湾取直后废弃的河段形成牛轭湖。如内蒙古的乌梁素海。

海成湖：由于泥沙沉积使得部分海湾与海洋分割而成，通常称作泻湖，比如里海、杭州西湖、宁波的东钱湖。约在数千年以前，西湖还是一片浅海海湾，以后由于海潮和钱塘江挟带的泥沙不断在湾口附近沉积，使湾内海水与海洋完全分离，海水经逐渐淡化才形成今日的西湖。

潟湖：是一种因为海湾被沙洲所封闭而演变成的湖泊，所以一般都在海边。这些湖本来都是海湾，后来在海湾的出海口处由于泥沙沉积，使出海口形成了沙洲，继而将海湾与海洋分隔，因而成为湖泊。

"潟"这个字少见于现代汉语，它是卤咸地之意，由于较常见于日语，不少人以为是和制汉字，其实并不是。因为很多人不懂得"潟"这个字，所以常常会把它错写成为"泻湖"。

潟湖有以下几种功能：

1. 具有防洪的功能，潟湖可宣泄区域排水，因而很少发生水灾。

2. 保护海岸的功能，由于外有沙洲的阻挡可防止台风暴潮侵蚀冲刷海岸。

3. 是天然的养殖场，潟湖是鱼、虾、贝和螃蟹的孕育场，同时也是邻近渔民的天然养殖场。

4. 由于潟湖外侧往往有沙

※ 泻湖

洲作为防波堤，其内风平浪静，因此有时可以改建为人工港。

著名的潟湖：七股潟湖、戈佐内海、科勒潟湖。

◎按湖水所含盐度分为六类

衡量湖泊类型的重要标志是湖水含盐量，通常把含盐量或矿化度达到或超过 50g/1 的湖水，称为卤水或者盐水，有的也叫矿化水。卤水的含盐量几乎达到了饱和状态，甚至出现了自析盐类矿物的结晶或者直接形成了盐类矿物的沉积。所以，把湖水含盐量 50g/1 作为划分盐湖或卤水湖的下限标准。依据湖水含盐量或矿化度的多少，将湖泊划分为六种类型，各种类型湖泊的划分原则如下：

淡水湖：湖水矿化度小于或等于 1g/1；

微（半）咸水湖：湖水矿化度大于 1g/1，小于 35g/1；

咸水湖：湖水矿化度大于或等于 1g/1，小于 50g/1；

盐湖或卤水湖：湖水矿化度等于或大于 50g/1；

干盐湖：没有湖表卤水，而有湖表盐类沉积的湖泊，湖表往往形成坚硬的盐壳；

砂下湖：湖表面被砂或粘土粉砂覆盖的盐湖。

拓展思考

1. 湖泊与海洋的区别是什么？
2. 湖泊会不会流动？
3. 中国有哪些湖泊？

宏伟的瀑布

Hong Wei De Pu Bu

地质学上叫做跌水的水流叫做瀑布，也就是河水在流经断层、凹陷等地区时垂直地跌落。在河流的时段内，瀑布只是一种暂时性的特征，它最终还是会消失。侵蚀作用的速度取决于特定瀑布的高度、流量、有关岩石的类型与构造，以及其他一些因素。

※ 飞流的瀑布

◎五大类型的瀑布

依据瀑布的外观和地形的构造，瀑布有多种分类。

1. 据瀑布水流的高宽比例划分：垂帘型瀑布，细长型瀑布。

2. 据瀑布岩壁的倾斜角度划分：悬空型瀑布，垂直型瀑布，倾斜型瀑布。

3. 据瀑布有无跌水潭划分：有瀑潭型瀑布，无瀑潭型瀑布。

4. 据瀑布的水流与地层倾斜方向划分：逆斜型瀑布，水平型瀑布，顺斜型瀑布，无理型瀑布。

5. 据瀑布所在地形划分，名山瀑布，岩溶瀑布，火山瀑布，高原瀑布。

◎世界三大瀑布

瀑布是地球上很壮美的自然景观。世界上有三大著名瀑布其分别是：尼亚加拉瀑布、维多利亚瀑布和伊瓜苏瀑布。

1. 尼亚加拉瀑布

位于加拿大与美国的交界处的尼亚加拉河上，较大的部分是霍斯舒瀑

布，靠近加拿大一侧，高 56 米，长约 670 米，较小的为亚美利加瀑布，接邻美国一侧，高 58 米，宽 320 米，因为河中的高特岛把瀑布分隔成两部分。尼亚加拉瀑布及由它冲出来的尼亚加拉峡谷的形成有着特殊的地质条件，其中页岩的不断被水流冲刷，使得瀑布在 1842 年至 1905 年间平均每年向上游方向移动 170 厘米。为保护瀑布使瀑布对岩石的侵蚀有所减小，美加两国政府曾耗巨资修建了一些控制工程。

※ 尼亚加拉瀑布

2. 维多利亚瀑布

位于非洲赞比西河的中游，赞比亚与津巴布韦接壤处的维多利亚瀑布，宽 1700 余米，最高处 108 米，宽度和高度比尼亚加拉瀑布大一倍。年平均流量约 934 立方米/秒。维多利亚瀑布的水泻入一个峡谷，峡谷宽度从 25 米至 75 米不等。赞比西河抵瀑布之前，舒缓地流动，而瀑布落下时声如雷鸣，当地居民称之为"莫西奥图尼亚"（意即"霹雳之雾"）。

※ 维多利亚瀑布

3. 伊瓜苏瀑布

高 82 米，宽 4 千米，是尼亚加拉瀑布宽度的 4 倍，比维多利亚瀑布还要宽很多的马蹄形瀑布就是伊瓜苏瀑布。其位于阿根廷和巴西边界上的伊瓜苏河。悬崖边缘有许多树木丛生的岩石岛屿，使伊瓜苏河由此跌落时分作约 275 股急流或泻瀑，高度 60 至 82 米不等。11 月至 3 月的雨季中，瀑布最大流量可达 12750 立方米/秒，年平均约为 1756 立方米/秒。

※ 伊瓜苏瀑布

▶知识链接

贵州黄果树瀑布是中国比较有名的瀑布，宽81米，水从74米高的断崖中跌下，发出轰隆巨响，浪花四溅，水珠飞扬。

世界上最高的瀑布是四川眉山市洪雅县瓦屋山境内的兰溪瀑布，它的高度是1055米。

| 拓展思考 |

1. 瀑布是从哪里来的？
2. 瀑布有很多种类型吗？
3. 如果有机会去观看瀑布，你最想去看哪个瀑布？

有趣的地球——我们美丽的家园

泉水探秘

Quan Shui Tan Mi

地下水天然出露至地表的地点，或者地下含水层露出地表的地点就是泉。泉可以按照其流量大小分为八级，一级泉的流量超过每秒 100 立方英尺（2800 升），二级泉的流量在每秒 10 到 100 立方英尺之间，八级泉流量则小于每分钟 1 品脱（每秒 8 毫升）。根据水流状况的不同，可以分为间歇泉和常流泉。如果地下水露出地表后没有形成明显水流，称为渗水。根据水流温度，泉可以分为温泉和冷泉。

▶ 知识链接

· 形成泉的成因 ·

大气降水渗漏地下顺岩层倾斜方向流，遇侵入岩体阻挡，承压水出露地表，形成泉水。

泉水为人类提供了理想的水源，同时也能构成许多观赏景观和旅游资源，如理疗泉，饮用泉等。中国泉的总数可以达到十万多处，分布十分广泛，种类也非常丰富，各地名泉不胜枚举，其中以泉城济南为最，泉的数量占据世界半数以上。

按照化学成分，水的温度和渗透压以及酸碱度可以分为以下几种：

◎冷泉

水质清醇甘甜而供饮用或作为酿酒的水源被称为冷泉。历代文人名士均将济南趵突泉奉为"天下第一泉"。闻名中外的"世界泉水之都"——济南市号称有 72 泉，故有泉城美誉。无论其数量还是水质都是当之无愧的世界之冠的是济南的泉眼，同样也是赏泉观水目的地的不二之选。

◎矿泉

我国历史上原有和新近开发的温泉和矿泉旅游疗养胜地很多，如济南国科温泉，辽宁鞍山汤岗子温泉，聊城天沐温泉，云南安宁温泉，广东从化温泉，广西陆川温泉，以及台湾北投温泉、阳明山温泉等。矿泉有一定数量的化学成分、有机物或气体，或具有较高的水温，是能影响人体生理作用的泉水。五大连池药泉以其独特的理疗效用成为中国著名的矿泉理疗康复旅游区。

※ 冷泉

◎观赏泉

那些具有观赏价值的泉被称为观赏泉，比如济南百脉泉，位于千古第一才女李清照的故居内，景观典雅、美轮美奂。此外，济南珍珠泉、广西桂平乳泉、枣庄蝴蝶泉以及西藏爆炸泉等都是著名的观赏泉。

◎白石泉

在济南市黑虎泉东北，解放阁南侧河岸边，西与九女泉相邻。泉边有洁白的自然石俯卧。昔日，泉波甚急，喷涌摇荡，冲击白石，发出清响。

| 拓展思考 |

1. 泉水是从地底下冒出的水吗？
2. 泉水是不是最干净的水？
3. 泉水是不是还可以用来治疗疾病？
4. 月牙泉是一个观赏泉吗？

神秘的海洋

Shen Mi De Hai Yang

海 洋中含有十三亿五千多万立方千米的水，约占地球上总水量的97％。海洋面积约362,000,000平方千米，近地球表面积的71％。全球海洋一般被分为数个大洋和面积较小的海。五个主要的大洋为太平洋、大西洋、印度洋、北冰洋、南冰洋（注：因为中国大陆认为太平洋、印度洋、大西洋一直延续到南极洲，因此南冰洋被认为是不存在的）。

对于海洋是如何形成的，海水是从哪里来的这个问题。目前科学家还不能给出最终的答案，那是因为它们与另一个具有普遍性的、同样未彻底解决的太阳系起源问题有着联系。

现在的研究证明，大约在50亿年前，从太阳星云中分离出一些大大小小的星云团块，它们一边绕太阳旋转，一边自转。在运动过程中，

※ 海洋是怎样形成的？海水是从哪里来的？

互相碰撞，有些团块彼此结合，由小变大，逐渐成为原始的地球。星云团块碰撞过程中，在引力作用下急剧收缩，加之内部放射性元素蜕变，使原始地球不断受到加热增温；当内部温度达到一定限度的时候，地内的物质包括铁、镍等开始熔解。在重力作用下，重的下沉并趋向地心集中，形成地核；轻者上浮，形成地壳和地幔。在高温下，内部的水分汽化与气体一起冲出来，飞升入空中。但是由于地心的引力，它们不会跑掉，只在地球周围，成为气水合一的圈层。位于地表的一层地壳，在冷却凝结过程中，不断地受到地球内部剧烈运动的冲击和挤压，因而变得褶皱不平，有时还会被挤破，形成地震与火山爆发，喷出岩浆与热气。刚开始的时候，这种情况出现频繁，到后来就会渐渐变少，慢慢的稳定

下来。这种轻重物质分化，产生大动荡、大改组的过程大概在45亿年前就完成了。

地壳在最后经过冷却定形后，地球就像个久放而风干了的苹果，表面皱纹密布，凹凸不平。高山、平原、河床、海盆，各种地形就全部形成了。

在相当长的一段时期内，天空中水气与大气共存于一体，浓云密布，天昏地暗，随着地壳逐渐冷却，大气的温度也慢慢地降低，水气以尘埃与火山灰为凝结核，变成水滴，越积越多。因为冷却不均，空气对流剧烈，从而形成雷电狂风，暴雨浊流，雨越下越大，一直下了很长时间。滔滔的洪水，通过千川万壑，汇集成巨大的水体，这就形成了最原始的海洋。

最原始的海洋里的海水并不像现在是咸的，而是带酸性、缺氧的。水分的不断蒸发，反复地形云致雨，又落回地面，把陆地和海底岩石中的盐分溶解，不断地汇集于海水中。经过亿万年的积累融合，才变成了大体匀的咸水。因为大气中的氧气还没有形成，也没有臭氧层，紫外线直达地面因为有海水的保护，所以生物首先在海洋里诞生。大约在38亿年前，即在海洋里产生了有机物，先有低等的单细胞生物。在6亿年前的古生代，有了海藻类，在阳光下进行光合作用，产生了氧气，随着时间慢慢的积累形成了臭氧层。这时候，生物才开始登上陆地。总的来说，经过水量和盐分的逐渐增加，及地质历史上的沧桑巨变，原始的海洋经历多次改变，变成了今天我们看到的样子。

▶知识链接

·海水的盐分·

海水所含的盐分各处不同，平均约为百分之三点五。这些溶解在海水中的无机盐，最常见的是氯化钠，即日用的食盐。

还有一些盐来自于海底的火山，不过大部分还是来自地壳的岩石。岩石受风化而崩解，释出盐类，再由河流带到海里去。在海水汽化后再凝结成水的循环过程中，海水蒸发后，盐留下来，逐渐积聚到现有的浓度。

海洋所含的盐相当多，可以在全球陆地上铺成约厚约167米的盐层。

◎海水运动

海水水体以及海洋中的各种组成物质，构成了对人类生存和发展有着重要意义的海洋环境。海水的运动是海洋环境的核心内容，主要由下面四部分构成：海水运动的形式；洋流的成因；表层洋流的分布；洋流对地理环境的影响。

|| 拓展思考 ||

1. 海洋是怎样形成的？
2. 我们吃的盐是不是从海水中提炼出来的？
3. 海洋对我们的生活有什么样的影响？

蜿蜒曲折的河流

Wan Yan Qu Zhe De He Liu

陆地表面成线形的自动流动的水体就是河流。河流一般是在高山地方作源头，然后沿地势向下流，一直流入像湖泊或海洋般的终点。世界不少著名河流像长江、亚马逊河都是这样流动的。

※ 蜿蜒曲折的河流

◎河流之最

流经国家最多的河流——多瑙河

著名的国际河流多瑙河，是世界上流经国家最多的一条河流。多瑙河全长 2860 千米，是欧洲第二大河。

多瑙河像一条蓝色的飘带蜿蜒在欧洲的大地上，它发源于德国西南部黑林山东麓海拔 679 米的地方，自西向东流经奥地利、捷克、斯洛伐克、匈牙利、克罗地亚、前南斯拉夫、保加利亚、罗马尼亚、乌克兰等 9 个国家后，流入黑海。

多瑙河年平均流量为 6430 立方米/秒，入海水量为 203 立方千米。多瑙河沿途接纳了 300 多条大小支流，形成的流域面积达 81.7 万平方千米，比中国的黄河还要大。

多瑙河两岸的美丽城市像是一颗颗璀璨的明珠，镶嵌在这条蓝色的飘

带上。蓝色的多瑙河缓缓穿过市区，古老的教堂、别墅与青山秀水相映，风光绮丽，十分优美。

世界最长的河——尼罗河

尼罗河流域面积约 335 万平方千米，占非洲大陆面积的九分之一，全长 6650 千米，年平均流量每秒 3100 立方米，为世界最长的河流。其纵贯非洲大陆东北部，流经布隆迪、卢旺达、坦桑尼亚、乌干达、埃塞俄比亚、苏丹、埃及，跨越世界上面积最大的撒哈拉沙漠，最后注入地中海。尼罗河最远的源头是布隆迪东非湖区中的卡盖拉河的发源

※ 尼罗河流域

地。该河北流，经过坦桑尼亚、卢旺达和乌干达，从西边注入非洲第一大湖维多利亚湖。尼罗河干流就源起该湖，称维多利亚尼罗河。尼罗河流域分为七个大区：东非湖区高原、山岳河流区、白尼罗河区、青尼罗河区、阿特巴拉河区、喀土穆以北尼罗河区和尼罗河三角洲。尼罗河由此向西北绕了一个 S 形，经过三个瀑布后注入纳塞尔水库。河水出水库经埃及首都进入尼罗河三角洲后，分成若干支流，最后注入地中海东端。

含沙量最大的河——黄河

黄河全长 5464 千米，有 34 条重要支流，流域面积 75 万平方千米，是中国第二大河。黄河发源于青藏高原巴颜喀拉山北麓的约古宗列盆地西南缘的雅拉达泽，曲折穿行于黄土高原、华北平原，最后在山东垦利县注入渤海。黄河以泥沙含量高而闻名于世，其含沙量居世界各大河

※ 黄河

之冠。有人计算，黄河从中游带下的泥沙每年约有 16 亿吨之多，如果

用这些泥沙堆成 1 米高、1 米宽的土墙，几乎可以绕地球赤道 27 圈。民间有"一碗水半碗泥"的说法，描述的就是黄河的这一特点。因为黄河流域为暴雨区，且中游两岸大部分为黄土高原。大面积深厚而疏松的黄土，加之地表植被破坏严重，在暴雨的冲刷下，滔滔洪水挟带着滚滚黄沙一股脑儿地泻入黄河，这就是黄河多泥沙的原因。因为河水中泥沙过多，使得下游河床因泥沙淤积而不断抬高，有些地方河底已经高出两岸地面，成为"悬河"。所以对于黄河的防汛，一直都是国家的重要大事。自中华人民共和国成立以来，国家在改造黄河方面投入了大量人力物力，黄河两岸的水害逐渐减少，昔日的黄泛区变成了当地人民的美好家园。不过，对于与黄河的战斗一直都没有结束，控制水土流失，拦洪筑坝、加固黄河大堤都是十分艰巨的工作。

流量最大的河流——亚马孙河

亚马孙河是世界上流量最大、流域面积最广的河流，亚马孙河流经的亚马孙平原是世界上面积最大的平原，其长度仅次于尼罗河（约 6400 千米），为世界第二大河。

有科学家估计，在地球表面上流动的水大约有 25% 都来自于亚马孙河。其河口宽达 240 千米，泛滥期流量达每秒 18 万立方米，是密西西比河的 10 倍。泻水量如此之大，使距岸边 160 千米内的海水变淡。亚马孙河沉积下的肥沃淤泥滋养了 65000 平方千米的地区，它的流域面积约 705 万平方千米，已知支流有 1000 多条，其中 7 条长度超过 1600 千米。几乎是世界上任何其他大河流域的两倍。

中国最大的内流河——塔里木河

发源于天山的阿克苏河、发源于喀喇昆仑山的叶尔羌河以及和田河汇流而成的塔里木河，其流域面积 19.8 平方千米，最后流入台特马湖。全长 2179 千米，仅次于苏联的伏尔加河（3530 千米），锡尔——纳伦河（2991 千米）、阿姆——喷赤——瓦赫什河（2991 千米）和乌拉尔河（2428 千米），它是中国第一大内陆河，是世界第五大内陆河。

世界最大内流河——伏尔加河

欧洲第一长河是伏尔加河，自源头向东北流至雷宾斯克转向东南，至古比雪夫折向南，流至伏尔加格勒后，向东南注入里海。发源于俄罗斯加里宁州奥斯塔什科夫区、瓦尔代丘陵东南的湖泊间，源头海拔 228 米。河流全长 3688 千米，流域面积 138 万平方千米，河口多年平均流量约为

8000四³/秒，年径流量为 2540 亿立方米。

伏尔加河流速缓慢，河道弯曲，多沙洲和浅滩，两岸多牛轭湖和废河道。其干流总落差 256 米，平均坡降 0.007。在伏尔加格勒以下，由于流经半荒漠和荒漠，水分被蒸发，没有支流汇入，流量降低。伏尔加河在河口的三角洲，上分成 80 条汊河注入里海。

※ 伏尔加河

▶ 知识链接

·世界最大运河——京杭运河·

京杭大运河是世界上开凿最早、里程最长、工程最大的运河。全长 1700 余千米，北起北京（涿郡），南到杭州（余杭）。在我国南北运输中起着重要的作用，京杭大运河北起北京，南至杭州，经北京、天津两市及河北、山东、江苏、浙江四省，沟通海河、黄河、淮河、长江、钱塘江五大水系。现在又是南水北调东线工程调水的主要通道。

|| 拓展思考 ||

1. 河流与海洋的区别在于哪里？

2. 河流的水可以饮用吗？

3. 如果让你去河流游玩，你想去哪里？

天然冰川

Tian Ran Bing Chuan

大量冰块堆积形成如同河川般的地理景观被称为冰川或冰河，在终年冰封的高山或两极地区，多年的积雪经重力或冰河之间的压力，沿斜坡向下滑形成冰川。受重力作用而移动的冰河称为山岳冰河或谷冰河，而受冰河之间的压力作用而移动

※ 冰川

的则称为大陆冰河或冰帽。冰川是地球上最大的淡水资源，也是地球上继海洋以后最大的天然水库。七大洲都有冰川。两极地区的冰川又名大陆冰川，覆盖范围较广，是冰河时期遗留下来的。

◎形成

冰川是水的一种存在形式，是雪经过一系列变化转变而来的。形成冰川的条件是有一定数量的固态降水，其中包括雪、雾、雹等。如果没有足够的固态降水作"原料"，那么就相当于"无米之炊"，根本形不成冰川。

冰川能够在高山上发育，除了要求有一定的海拔外，还要求高山不要过于陡峭。

因为如果山峰过于陡峭，那么降落的雪就会顺坡而下，这样根本无法形成积雪，那也就谈不上形成冰川。雪花落到地上的时候会发生变化，随着外界条件和时间的变化，雪花会变成没有晶体特征的圆球状雪，称为粒雪，而这种雪就是冰川形成的"原料"。

积雪变成粒雪后，随着时间的推移，粒雪的硬度和它们之间的紧密度不断增加，大大小小的粒雪相互挤压，紧密地镶嵌在一起，相互间的孔隙不断缩小，最终完全消失，雪层的亮度和透明度逐渐减弱，一些空气也被封闭在里面，这样最初的冰川冰就形成了。冰川冰最初形成时是乳白色

的，经过漫长的岁月，冰川冰会变得坚硬密致，里面的气泡会渐渐的减少，然后慢慢地变成晶莹透彻，带有蓝色的水晶一样的冰川冰。冰川冰在重力作用下，沿着山坡慢慢流下（速度相当缓慢），最后形成我们现在所看到的冰川。

▶ 知识链接

·移动最快的冰川·

美国阿拉斯加州安克雷奇和瓦尔迪兹之间的哥伦比亚冰川长 54 千米，宽 4.8 千米，最高点为 910 米。1999 年它平均移动速度为 35 米/天，在过去的 20 年中它的移动速度加快了一倍。

◎冰川的作用

侵蚀作用

冰川有很强的侵蚀力，大部分为机械的侵蚀作用。

搬运作用

由于冰川的侵运作用所产生的大量松散岩屑和从山坡崩落得碎屑，会进入冰川系统，随冰川一起运动，这些被搬运的岩屑称为冰碛物，依据其在冰川内的不同位置，可分为不同的搬运类型。

堆积作用

冰川会携带砂石，在沿途中会被抛出，所以在冰川消融以后，不同形式搬运的物质，堆积下来便形成相应的各种冰碛物。所谓冰碛物，是指由冰川直接造成的不成层冰积物。而冰积物，就是指直接由冰川沉积的物质，也可以说是冰川作用的沉积物及因为冰川作用而沉积在河流湖泊海洋中的物质。

音苏盖提冰川是面积最大、长度最长、冰储量最大的山谷冰川。

◎中国冰川按形态和规模分类

可分为悬冰川、冰斗冰川、山谷冰川、平顶冰川、冰帽和冰原。山谷冰川是山岳冰川成熟的标志，规模较大，长达几千米至几十千米，厚度可达几百米，具有明显的粒雪盆和冰舌两部分。

音苏盖提冰川位于新疆喀喇昆仑山脉乔戈里峰北坡，冰川总长约 42

千米，冰舌长约 4200 米，冰川覆盖面积达 380 平方千米，冰储量 116 立方千米，名列中国境内已知山谷冰川的首位。

| 拓展思考 |

1. 冰川所在的地方是不是很冷？
2. 冰川的冰会融化吗？
3. 冰川对我们的生活有什么样的影响？

万千的气候

WANQIANDEQIHOU

第四章

气候是长时间内气象要素和天气现象的平均或统计状态，时间尺度为月、季、年、数年到数百年以上。气候以冷、暖、干、湿这些特征来衡量，通常由某一时期的平均值和离差值表征。气候的形成主要是由于热量的变化而引起的，万千变化的气候给我们不同的感受，变化无常的天气与我们的生活息息相关，本章让我们一起去领略那变化万千的气候吧。

炎热的热带

Yan Re De Re Dai

在热带，太阳的高度终年都很大，在两回归线之间的广大地区，一年有两次太阳直射现象；回归线上，一年内只有一次直射，而且，这里正午太阳高度终年较高，变化幅度不大，因此，这一地带终年能得到强烈的阳光照射，气候炎热，称为

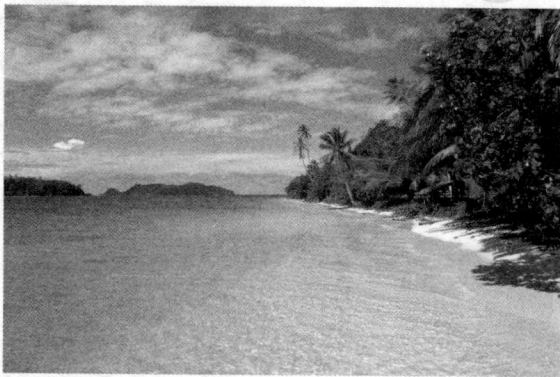

※ 热带风景

热带。热带的特点是全年高温，变幅很小，只有相对热季和凉季之分或雨季、干季之分。全年温度大于 16 摄氏度。赤道上终年昼夜等长，从赤道到南北回归线，昼夜长短变化的幅度逐渐增大。在回归线上，最长和最短的白昼相差 2 小时 50 分。因此，在热带的范围内，天文现象的纬度差异是极小的。

◎气候特点

全年气温较高，四季界限不明显，日温度变化大于年温度变化就是热带气候最显著的特点。由于地表及降水的不同，热带气候又反映出不同的特点。在赤道附近，常年湿润高温，多雷雨天气，年降水量在 2500 毫米左右，季节分配较均匀。一天之中，天气的变化很单调且有一定的规律性。早晨天气晴朗，凉爽宜人，快到中午天空中的积云强烈发展，变浓变厚，午后一二点左右天空便乌云密布，雷声隆隆，暴雨倾盆而下，降雨一直可以持续到黄昏。雨后，天气会变得凉爽许多。但是到了第二天日出后仍然闷热。这样日复一日，年复一年，人们就把这种气候称为"赤道气候"。

热带气候赤道气候全年皆夏，根本看不出明显的季节变化。虽然这个

地区很热，但是最热月份的平均气温并没有很高，最高气温基本上不会超过 38℃，而最低的气温很少低于 18℃。

不过在热带的沙漠地区，气候是完全不相同的情况。在非洲北部的撒哈拉沙漠、西亚的阿拉伯沙漠和澳大利亚中部的大沙漠等地全年干旱少雨，气温变化剧烈，日较差可达 50℃以上。而中国的雷州半岛、海南岛和台湾省南部，都处于热带气候的控制之下，终年不见霜雪，到处都是郁郁葱葱的热带丛林，全年没有寒冬。

海洋性气候夏日凉快，而热带地区由于高温多雨，为动植物的生长繁衍创造了极为有利的条件，所以有许多珍贵的动植物都产于热带气候区内。宽广的热带雨林，是制造氧气、吸收二氧化碳的巨大绿色工厂，对于调节全球大气中的氧气和二氧化碳的含量具有非常重要的作用。

▶ 知识链接

· 气候类型 ·

1. 热带雨林气候主要分布在赤道附近地区，全年高温多雨，且各月均匀。

2. 热带草原气候主要分布在非洲和南美洲赤道雨林气候的南北两侧。终年高温，一年中有明显的干季和雨季。

3. 热带季风气候以亚洲南部、东南部的印度半岛和中南半岛最为显著。这种气候终年高温，一年中也可以分为旱雨两季，风向随季节而变化。旱季，风从陆地吹向海洋，干旱少雨；雨季，风从海洋吹向陆地，降水集中。

4. 热带沙漠气候主要分布在南北回归线附近的大陆西岸和内陆地区，这种气候降水量稀少，终年炎热干燥，地面有大片的沙漠。

拓展思考

1. 热带是世界上最炎热的地方吗？

2. 热带的水果都有什么？

3. 热带有没有冬天？

温和的温带

Wen He De Wen Dai

温带气候的显著特点是冬冷夏热,四季分明。中国大部分地区都属于温带气候。从全球分布来看,温带气候的情况比较复杂多样。各个地区的降水特点不同,又可分为温带海洋性气候、温带大陆行气候、温带季风性气候和地中海气候几种类型。温带气候可以说是世界上最广为广泛的气候类型。因为温带气候分布地域广泛,类型复杂多样,从而为生物创造了良好的气候环境,形成了丰富的动植物界。

※ 温带草原

◎气候区

整个温带的年平均气温为摄氏 8 度,温带的气候区可以继续分为暖温带、冷温带和寒温带。

冷温带有两个不同的定义:

1. 最热月的平均气温在摄氏 10 度和 20 度之间;

2. 最热月的平均气温在摄氏 10 度以上,最冷月的平均气温在摄氏 0 度以下,与寒温带的区别在于年平均气温高于摄氏 0 度。

如果按照第二个定义,中国华北和东北的大多数地区属于冷温带。波兰和俄罗斯西部的大多数地区也属于冷温带。

寒温带是年平均气温低于摄氏 0 度,不过同时最热月的平均气温高于摄氏 10 度的地区。它与寒带的区分在于寒带的最热月的平均气温低于 10 摄氏度。所以温度带亦被称为“亚寒带”。西伯利亚的大多数地区和黑龙江省的北部属于寒温带。

◎ 特点

温带海洋气候区主要分布在欧洲西海岸、南美洲智利南部沿海以及新西兰、北美阿拉斯加南部等地区。这些地方由于受海洋西风的影响，冬季温暖，夏无酷暑，全年湿润多雨，降水分配比较均匀。

温带大陆性气候区主要分布在亚欧大陆和北美洲的内陆地区。这些地方受大陆性气团的控制和影响，形成的特点是冬季寒冷，夏季炎热，空气干燥，降水量较少。

温带季风气候区主要分布于北纬35°～55°之间的亚欧大陆的东岸，包括中国的华北、东北和朝鲜、日本以及俄罗斯的远东地区。中国是典型的季风气候国家，除西部的青藏高原和云贵高原等地区外，全国大部分地区都受季风气候的影响。冬季受温带大陆性气团的控制，风从内陆吹向海洋，大部分地区干燥少雨；夏季受温带海洋气团的控制，风从海洋吹向内陆，湿润多雨。

地中海气候并不是只有地中海地区才有这种气候。地中海式气候的特点是：冬季受西风带控制，锋面气旋频繁活动，气候温和，最冷月气温在4～10℃之间，降水量丰沛。夏季在副热带高压控制下，气流下沉，气候炎热干燥少雨，云量稀少，阳光充足。实际上，北美洲的加利福尼亚沿海、南美洲智利中部、非洲南部的开普敦地区和大洋洲南部以及西南部等地区也都有这种气候。地中海气候区的全年降水量300～1000毫米，冬季半年约占60%～70%，夏季半年只有30%～40%，冬季降水量多于夏季。

知识链接

· 温带的植被有哪些？ ·

温带的森林有针叶林、阔叶林和两者的混合林。大陆内部也有草原、半沙漠和沙漠。

拓展思考

1. 我国大多数地区都属于温带吗？
2. 温带的天气变化是不是很快？
3. 我国哪些地方四季如春？

寒冷的寒带

Han Leng De Han Dai

天文上的高纬地带，在南北纬66°34′的纬线圈内。由于太阳光斜射，获得的太阳光热比其他地带少，气候终年寒冷，称为寒带。

在地球的极圈以内，一天中正午太阳高度角的最大值只有46°52′，并有极昼、极夜现象的地带。寒带气温较低，昼夜长短变化最大，无明显的四季变化。寒带占地球总面积的10％。北极圈以北为北寒带，南极圈以南为南寒带。

※ 寒冷的寒带

寒带的划分：

极昼极夜的范围就是寒带的范围，比如：黄赤交角如果变大，那么寒带的范围就相应变大。

◎寒带气候

高纬度地区各类寒冷气候的总称就是寒带气候，也称极地气候。盛行的极地气团和冰洋气团，两者交绥的冰洋锋上有气旋活动。包括亚寒带针叶林气候，苔原气候，冰原气候等。多分布在欧亚大陆和北美大陆北部和南极洲地区。这里没有真正的夏季，云量多，日照少，年降水量仅有200～300毫米或者更少。在阿里索夫气候分类中相当于副北（南）极带与北（南）极带的合称。

◎气候区植被

植被以针叶林和苔原为主的寒带气候区，其中针叶林是以针叶树为建群种所组成的各类森林的总称。包括常绿和落叶，耐寒、耐旱和喜温、喜湿等类型的针叶纯林和混交林。主要由云杉、冷杉、落叶松和松树等一些耐寒树种组成。通常称为北方针叶林，又称泰加林。其中由落叶松组成的

称为明亮针叶林，而以云杉、冷杉为建群树种的称为暗针叶林。世界最大的原始针叶林是横跨欧、亚、北美大陆北部的针叶林属寒带和寒温带地区的地带性森林类型，同时也是世界最主要的木材生产基地。针叶林广泛分布于世界各地，而以北半球为主。北以水平树木线以北的极地冻原为界，南接针阔混交林。类型有：

①北美针叶林。

其中白针叶林云杉、黑云杉是横跨大陆东西的优势种，在西部的北方针叶林以北美云杉、高山冷杉等为主。

②北方针叶林西段。

主要由欧洲云杉、欧洲冷杉、欧洲赤松、欧洲落叶松等树种组成。

③北方针叶林东段。

主要由新疆落叶松、兴安落叶松，以及欧洲赤松、新疆冷杉和新疆云杉等树种组成。

▶ 知识链接

·气候特征·

寒带气候位于地球的极圈以内，一年中正午太阳高度角最大值只有46°52′，并有极昼、极夜现象的地带。北极圈以北为北寒带，南极圈以南为南寒带。寒带气温较低，终年寒冷，冬季更甚，若遇上雪暴发生，风雪交加，极为寒冷。寒带气候区占地球总面积的10%。

寒带气候的主要特征是夏季短暂且阴冷，冬季漫长而严寒。年温差大。北半球温带和寒带交界的地带，夏季最暖月均温在10℃以上的地区，有广大的寒带针叶林，是世界木材的主要供应地。寒带气候区的土壤为冰沼土和永冻土，植被稀少，代表动物是北极熊和企鹅，有极光景观。寒带气候区降水量稀少，以降雪为主，太阳辐射弱，地面辐射强，出现过地球上的极端最低气温。

寒带的花卉主要分布阿拉斯加、西伯利亚一带。这些地区气候冬季漫长而严寒，夏季短促而凉爽。植物生长期只有2~3个月。由于这类气候夏季白天天长、风大，因此，植物低矮，生长缓慢，常成垫状。主要花卉有：细叶百合、龙胆、雪莲。

│拓展思考│

1. 寒带终年都是冷的气候吗？
2. 人可以在寒带生存吗？
3. 北极是不是寒带？

高山气候带

Gao Shan Qi Hou Dai

高山上的气候较平地显得非常的不稳定，变化非常快。那是因为高山的气温变化很快，气温的高低差（日温差）比较大，约为 15℃之间。而平地的日温差则不超过 10℃。

高山上气温低、气压低。自海平面起，每升高 1000 米，温度则下降大约 6℃。因此，虽然陆地上的温度达

※ 高山气候带

30℃，可是在高达 4000 米的高山，比如玉山，却只有 10℃左右。气压则刚好反比，高度越高，气压越低。在标准状况下，每升高 100 米，气压降低 10 毫巴。为 750 毫巴时，4000 千米高山顶约 460 毫巴。而低气压的现象对人体所造成的影响的明显表现就是呼吸急促、食欲不振，也就是我们所说的高山病。

多露、多风，因为高山上的气候在一日之间的变化多端，所以不管是在夏季或者冬季，大雾让整座山陷入一白茫茫的世界。将四周的能见度突然间降低，让人更容易迷路。本来山上的温度就很低，再加上雾所带来的潮湿空气，就使得暴露在外的表皮易于多露。为什么高山上多风呢？因为高山上地形起伏相差悬殊，地面接受太阳辐射热及由于热力分配不平均，所以经常出现空气流动的现象。

◎高山高原气候产生原因

因为高地地带随着高度的增加，气候等多种要素会随之发生变化，导致了高山气候具有明显的垂直地带性。为了区分因高度影响和因纬度等因

素影响的气候，也因为高山气候仅限于局部范围，所以高地气候仅被单列为一大类而并没有包括在低地分类系统内。

▶ 知识链接

·高山高原气候特点·

①随着海拔高度的升高，空气、水汽、尘埃等随之减少，太阳直接辐射增强，紫外辐射增强尤为明显；但有效辐射也增大。在有积雪的高原面上，反射率增大，地面吸收辐射减少，故净辐射比同纬度平原小。

②气温低，日较差大，年较差小。

③降水在湿润气流的迎风面上增多，在高原内部和背风面大大减少。

④风力大。

高山气候具有明显的垂直地带性，这种垂直地带性又因高山所在地的纬度和区域气候条件而有所不同，其特征如下：

1. 山地垂直气候带的分异因所在地的纬度和山地本身的差而异在低纬山地，山麓为赤道或热带气候，随着海拔的增加，地表热量和水分条件逐渐变化，垂直气候带依次发生。这种变化类似于低地随纬度的增加而发生的变化。如果山地的纬度较高，气候垂直带的分异就减少。如果山地的高差较小，气候垂直带的分异也就较小。

2. 山地垂直气候带具有所在地大气候类型的"烙印"，例如，赤道山地从山麓到山顶都具有全年季节变化不明显的特征。珠穆朗玛峰和长白山都具有季风气候特色。

3. 湿润气候区山地垂直气候的分异主要以热量条件为垂直差异的决定因素而干旱、半干旱气候区，山地垂直气候的分异，与热量和湿润状况都有密切关系。这种地区的干燥度都是山麓大，随着海拔的增高，干燥度逐渐减小。

4. 同样的一个山地还会因为坡向、坡度及地形起伏、凹凸、显隐等条件的不同，气候的垂直变化各不相同，山坡暖带、山谷冷湖即为一例。山地气候确有"十里不同天"之变。

5. 山地的垂直气候带与随纬度而异的水平气候带在成因和特征上都有所不同。

┌─────────────────────────────────────┐

拓展思考

1. 是不是在高山上就叫高山气候带？

2. 我国哪些地区属于高山气候带？

3. 如果在高山气候带出现不良症状应该怎么做？

└─────────────────────────────────────┘

有趣的地球——我们美丽的家园

四季交替

Si Ji Jiao Ti

地球绕太阳公转的轨道是椭圆的，与地球自转的平面有一个夹角。当地球在一年中不同的时候，处在公转轨道的不同位置时，地球上各个地方受到的太阳光照是不一样的，因为接收到太阳的热量是不同的，所以就有了季节的变化和冷热的差异。

※ 春天

在气候上对四季的划分是按温度来区分的，在北半球，每年的 3～5 月为春季，6～8 月为夏季，9～11 月为秋季，12～2 月为冬季。而在南半球，各个季节的时间刚好与北半球相反。当南半球是夏季时，北半球是冬季；南半球是冬季时，北半球则是夏季。不过在各个季节之间并没有明显的界限，因为季节的转换是逐渐的。

※ 夏天

◎四季递变

地球上的四季变化是一种天文现象，它不仅仅只是温度的周期性变化，而且是昼夜长短和太阳高度的周期性变化。当然正是昼夜长短和正午太阳高度的改变，才决定了温度的变化。全球四季的递变是不一样的，北半球是夏季，南半球是冬季；北半球由暖变冷，南半球由冷变热。

◎四季划分

在四季的划分中，以太阳在黄道上的视位置为依据，以二分日、二至日或以四立日为界限。但是，东西方各国在划分四季时所采用的界限点是不完全相同的。

第一种分类法：

中国传统的四季划分方法，是以二十四节气中的四立作为四季的始点，以二分和二至作为中点的。如春季立春为始点，太阳黄经为315°，春分为中点，立夏为终点，太阳黄经变为45°，太阳在黄道上运行了90°。这是一种传统的，常见的方法。

第二种分类法：

天文学分类法（即西方分类法）四季划分更强调四季的气候意义，是以二分二至日作为四季的起始点的，如春季以春分为起始点，以夏至为终止点。这种四季比我国传统划分的四季分别迟了一个半月。

※ 秋天

※ 冬天

第三种分类法：

为了准确地反映各地的实际气候情况，划分四季常采用气候上的方法既近代学者张宝坤分类法，采用候平均气温划分四季。并且规定：平均气温大于或等于22℃的时期为夏季，小于或等于10℃的时期为冬季，介于10℃～22℃之间的为春季或秋季。如果按此标准划分四季，中纬地区季节与气候相一致，低纬地区和极地附近春、夏、秋、冬的温度变化很不明显。在中纬地区，各季的长度也不一样。这就是气候四季。比如，北京春季有55天，夏季103天，秋季50天，冬季157天。这种方法，可以结合各地的具体气候，农业，故运用较多。

第四种分类法：

气候统计法，因为一般以1月份为最冷月，因此，春季为3、4、5

月。夏季为6、7、8月。秋季为9、10、11月。冬季为12、1、2月。这种四季分类法，比较适用四季分明的温带地区。

·二十四节气总览（按公元月日计算）·

春季：

2月3—5日交节［立春（节气），黄经315度］；

2月18—20日交节［雨水（中气），黄经330度］；

3月5—7日交节［惊蛰（节气），黄经345度］；

3月20—22日交节［春分（中气），黄经0度］；

4月4—6日交节［清明（节气），黄经15度］；

4月19—21日交节［谷雨（中气），黄经30度］；

夏季：

5月5—7日交节［立夏（节气），黄经45度］；

5月20—22日交节［小满（中气），黄经60度］；

6月5—7日交节［芒种（节气），黄经75度］；

6月21—22日交节［夏至（中气），黄经90度］；

7月6—8日交节［小暑（节气），黄经105度］；

7月22—24日交节［大暑（中气），黄经120度］；

秋季：

8月7—9日交节［立秋（节气），黄经135度］；

8月22—24日交节［处暑（中气），黄经150度］；

9月7—9日交节［白露（节气），黄经165度］；

9月22—24日交节［秋分（中气），黄经180度］；

10月8—9日交节［寒露（节气），黄经195度］；

10月23—24日交节［霜降（中气），黄经210度］；

冬季：

11月7—8日交节［立冬（节气），黄经225度］；

11月22—23日交节［小雪（中气），黄经240度］；

12月6—8日交节［大雪（节气），黄经255度］；

12月21—23日交节［冬至（中气），黄经270度］；

1月5—7日交节［小寒（节气），黄经285度］；

1月20—21日交节［大寒（中气），黄经300度］。

拓展思考

1. 一年为什么会有四季？

2. 四季是以温度来划分吗？

3. 四季中你更喜欢哪一个季节？

大自然的灾害

Da Zi Ran De Zai Hai

◎洪涝灾害

洪涝灾害可分为洪水、涝害、湿害。

1. 洪水：当大雨、暴雨来临，因为降雨量过多引起山洪暴发、河水泛滥，从而导致重大灾害，比如淹没农田、毁坏农业设施等。

2. 涝害：指雨水过多或降水过于集中，在一定程度上会造成农田积水成灾。

3. 湿害：是指在洪水、涝害过后，由于农田没有进行及时排水或排水不良致使土壤中的水分长期处于饱和状态，进而使作物根系缺氧而成灾。

在中国，洪涝灾害在四季都有可能会发生，不过多集中于江河流域，比如长江、黄河、淮河、海河的中下游地区都是洪涝灾害的多发地区。春涝主要发生在华南、长江中下游、沿海地区。夏涝是中国的主要涝害，主要发生在长江流域、东南沿海、黄淮平原。而秋涝则是多由台风雨造成，它主要在东南沿海和华南地区发生。

洪涝的成因及特征

洪涝灾害的形成有两个方面的属性：自然属性和社会经济属性。因此，洪涝灾害的形成有两个必须具备的条件：第一，自然条件：洪水是形成洪涝灾害的直接原因。只有当洪水自然变异强度达到一定标准，才可能出现灾害。其主要影响是地理位置、气候条件和地形地势。第二，社会经济条件：洪水只有发生在人类活动的地方才能形成灾害。比如，每年江河中下游地区都是最受洪水威胁的地区，可是该地区水资源丰富、土地平坦，是经济发达地区。

洪涝大致上又可以分为河流洪水、湖泊洪水和风暴洪水等。其中河流洪水依照成因不同，又可分为以下几种类型：暴雨洪水、山洪、融雪洪水、冰凌洪水和溃坝洪水。

从其发生的机制来看，洪涝灾害有三个非常明显的性质：季节性、区域性和可重复性。比如长江中下游地区的洪涝几乎全部都发生在夏季，而且其成因也基本上相同，在黄河流域却有不同的特点。同时，洪涝灾害具有很大的破坏性和普遍性。洪涝灾害不仅对社会有害，甚至能够严重危害相邻流域，从而造成水系变迁。并且，在不同地区均有可能发生洪涝灾害，包括山区、滨海、河流入海口、河流中下游以及冰川周边地区等。不过，洪涝并不是不能防御的，虽然洪水灾害不能根本被防治，可是却有办法尽可能地减小灾害的影响。

洪涝的防治

中国有一个大禹治水的传说，因治水有功，故名传千古。治水重点可归纳为：疏通河道，给洪水以出路。这几十年来，中国更多地区在规划洪水使其驯服上下功夫，江河防洪以加高加固堤防为主，此后在加固加高堤围工程上还要继续加强，但必须把江、河道清淤疏浚也同样重视起来。这些年来，许多江河的堤围不断被加高，可是这些都又被泥沙淤积所抬高的河床抵消了，如果只是一味的去加高堤围是不能解决问题的。

要想防法洪涝必须将工程防治与生物防治经合起来，两条措施放在一起，河道行洪能力才能增大。在防洪涝害工作中应当采取蓄泄统筹，标本兼治相结合；治水与治山相结合；工程防治与生物防治相结合；综合治水量，将下降的水量进行合理再分配，减少洪涝灾害损失。同时要把绿化造林，大搞农田水利建设，建设旱涝保收的高产稳产农田作为防御洪涝灾害的根本措施来抓。同时，人类更应重视生态环境，加强江河上游水土保持，减少泥沙入江河量。所以要在江河流域封山育林，以涵养水源，先堵住水土流失这个洪灾之源。

对于山区，首先，防治洪涝做好水土保持，这是根治河流水患的重要环节。其他的措施还有植树造林、种牧草、修梯田、挖蓄水坑和蓄水塘等。山区做好水土保持，上游建库、中下游筑堤，洼地开沟，就能调节蓄水，有蓄有排，既收到防洪，又能防旱的效果。

第二，必须扭转原来重库轻堤的思想，重建轻堤的倾向。增加防洪投入，以提高防洪工程标准。修筑江海堤围，做好防治屏障，并建立排灌两用抽水机站。

第三，疏通河道，还地于水，提高防洪行洪能力。严禁和限制围湖造田、围海造田，坚持退耕还湖，加快江河的水电工程建设进度，尽快发挥工程防洪调蓄的作用。

第四，必须增强水患意识，提高大江大河防洪除涝能力。在江河的上游和河流汇集的地方兴修水库，拦蓄洪水，调节河流夏涝冬枯的变化。

第五，要提高气象部门的监测、预报水平，让人们提前做好防灾的准备。

城市洪涝灾害形成的原因

在夏天的时候，有很多城市会发生不同程度的洪涝灾害，其中的原因有以下几点：夏天城市雨水比农村多，城市的"雨岛效应"（城市温度高，上升气流多，雨水多）造成城区的年降雨量比农村地区高5%～10%；城市地表覆盖多是隔水层，不透水，雨水增多却排不掉；城市规划不合理，注重表面，却不注重地下；城市的地势较低，以积蓄洪水。有的城市往往建设在一些地势低平地方，这样就导致积蓄了过多的外来水量，想要自然排水是不容易的；城市的应对洪涝灾害及其他灾害的能力不足，机械排水能力不足。

洪涝的分布

易发生台风暴雨的地区也是多发生洪涝灾害的地区。这些地区主要包括：孟加拉北部及沿海地区；中国东南沿海；日本和东南亚国家；加勒比海地区和美国东部近海岸地区。除了这些之外，在一些国家的内陆大江大河流域，也容易出现洪涝灾害。中国这种灾害主要集中在大兴安岭—太行山—武陵山以东，这个地区又被南岭、大别山—秦岭、阴山分割为4个多发区。在中国的西部降水量很少，在整个西部地区，只有四川是雨涝的多发区。

有历史统计资料显示，中国洪涝最严重的地区为东南沿海地区、湘赣地区和淮河流域；其次多洪涝区在长江中下游地区、南岭、武夷山地区、海河和黄河下游地区、四川盆地、辽河、松花江等地区。全国雨涝最少的地区是西北、内蒙和青藏高原，其次为黄土高原、云贵高原和东北地区。从总体上来说，中国洪涝的分布特点是东部多，西部少；沿海多，内陆少；平原湖区多，高原山地少。

洪涝的危害

在这么多的自然灾害中，严重危害人类社会发展的自然灾害之一就是洪涝灾害。中国有文字记载的第一页就是人民和洪水斗争的光辉画卷——大禹治水。到了今天，洪涝依然是对人类影响最大的灾害。因为洪灾给人民带来了极大的损失，严重损害了社会经济的健康发展。所以，现在当务之急就是了解洪涝灾害的形成原因、类型、特点然后再研究其防治措施，这样才能有效的预防洪涝灾害。

◎冰雹灾害

冰雹形成

冰雹同雨、雪一样都是从云中掉下来的，不过能降冰雹的云并不是一般的云，而是一种积雨云，只有发展非常旺盛的积雨云才可能降冰雹。有一种云被称为是冰雹云，它是由三部分组成的，分别是水滴、冰晶和雪花。一般情况下还分为三层：最底面一层温度在 0℃以上，由水滴组成；中间温度为 0℃至−20℃，由过冷却水滴、冰晶和雪花组成；最上面一层温度在−20℃以下，基本上由冰晶和雪花组成。冰雹云中的气流是十分强盛的，通常在云的前进方向，有一股强大的上升气流从云底进入又从云的上部流出。同时还有一股下沉气流从云后方中层流入，从云底流出。而这里通常也是多出现冰雹的降水区。这两股气流是与环境气流相通的，所以一般强雹云中气流结构比较持续。上升的气流可以给冰雹云输送充足的水汽，同时还可以支撑冰雹粒子停留在云中，让它们在长到足够大的时候才降落下来，我们看到的就是冰雹。

冰雹的特征

冰雹有以下五个特征：

（1）局地性强，每次降冰雹时都会影响到宽约几十米到数千米，长约数百米到十多千米的范围内；

（2）时间短，一次狂风暴雨或降雹时间通常只有 2～10 分钟，少数在 30 分钟以上；

（3）受地形影响显著，地形越复杂，冰雹越易发生；

（4）年份不稳定。在同一个地方，有的年份连续发生多次，有的年份发生次数非常少甚至根本就不发生；

（5）发生的范围广，从亚热带到温带的广大区内域都会发生冰雹，但主要发生在温带地区。

冰雹分类

冰雹下落后，人们根据大多数冰雹的直径、降雹累计时间和积雹厚度将冰雹分为轻雹、中雹和重雹三级。

轻雹：这类冰雹基本上直径不会超过 0.5 厘米，累计降雹时间不超过 10 分钟，地面积雹厚度不会超过 2 厘米；

中雹：这类冰雹的直径大多数为 0.5～2.0 厘米，累计降雹时间为

10～30 分钟，地面积雹厚度 2～5 厘米；

重雹：在一次降雹的过程中，大多数冰雹的直径都在 2.0 厘米以上，累计降雹时间在 30 分钟以上，冰雹厚度达 5 厘米以上。

冰雹危害

冰雹是一种破坏性很强的气象灾害，虽然它出现的范围小且时间仓促，可是每次它来的时候都异常凶猛且强度较大，常常伴随着狂风、强降水、急剧降温等。中国算是冰雹灾害频繁发生的国家，农业、建筑、通讯、电力、交通以及人民生命财产都因为冰雹而惨遭损失。有相关统计，中国每年因为冰雹灾害天气会造成多达几亿元甚至几十亿元的经济损失。

有时候冰雹会伴随着打雷的暴风雨天气出现，在这样情况下的冰雹不会太大，最大的也没有超过垒球大小，因为它们是从暴风雨云层中落下的。不过，有时候冰雹的体积很大，曾经有一个 36.29 千克的冰雹从天空中降落，在落到地面上的时候分裂成许多小块。还有更异常的情况，就是在天空无云层状态下，偶尔会有巨大的冰雹从天垂直下落。飞机在空中飞行的时候，偶尔也会遭到的冰雹袭击，只是对这种现象仍然没有科学的解释。

冰雹的防治

1. 预报

现在，随着一些先进设备在气象业务中的大量应用，比如天气雷达、卫星云图接收、计算机和通信传输等，让人们对冰雹的行踪更加明了。在仪器的检测下，当地气象台（站）一旦发现冰雹天气，就会立即向可能受到影响的气象台通报。现在各级气象部门将气象科学技术与长期积累的经验相结合，更准确地预报冰雹的发生、发展、强度、范围及危害。为了不耽误时机，将冰雹预警信息尽早地传送到各级政府领导和群众中去，各级气象部门要尽可能地利用多种途径，比如通过各地的电台、电视台、电话、微机服务终端和灾害性天气警报系统等媒体向人们发布"警报""紧急警报"。这样，就会尽可能的减少人们群众及国家的损失。

2. 防治

在防治冰雹灾害方面，中国是世界上采取人工防雹较早的国家之一。主要因为中国的冰雹灾害太过严重，所以政府很重视和支持防雹工作。现在，有不少省已经建立了长期试验点，并不断的进行试验，取得了不少有价值的科研成果。开展人工防雹以达到减轻灾害的目的。现在常用的方法有：（1）用火箭、高炮或飞机直接把碘化银、碘化铅、干冰等催化剂送到云里去；（2）将这些催化剂在积雨云形成之前就送到自由大气里，让这些物质在雹云里起雹胚作用，使雹胚增多，冰雹变小；（3）在地面上向雹云放火箭打高炮，或在飞机上对雹云放火箭、投炸弹，以破坏对雹云的水分输送；（4）利用火箭、高炮向暖云或冷云中撒凝结核，向暖云撒凝结核是为了让云形成降水，以减少云中的水分；而向冷云部分撒冰核，是为了抑制雹胚的增长。

3. 农业防雹措施

在农业方面，经常采用的防雹措施有：（1）在冰雹的多发地带，多养牧草或种植树造林，增加森林面积，从而改善地貌环境，破坏雹云形成的条件，达到减少雹灾的目的；（2）增种抗雹和恢复能力强的农作物；（3）成熟的作物一定要及时收；（4）在一些多雹地区的降雹季节，让群众一定要随身带着防雹工具，比如竹篮、柳条筐等，这样可以尽可能地减少人身伤亡。

◎旱灾害

因气候酷热、缺少降雨或不正常的干旱而形成的气象灾害就是旱灾。土壤水分不足就会引发旱灾，农作物的水分也会因此失衡而减产，这样就会引起粮食问题，严重的时候还会导致饥荒。还有，旱灾也会让人类以及动植物因为缺乏足够的饮用水而死亡。旱灾过后还有可能导致其他灾害的发生，比如旱灾过后很容易发生蝗灾，这样就会造成社会更严重的饥荒，甚至引起社会动荡不安。

引起旱灾的原因和表现

形成旱灾的原因有以下几点：地壳板块滑移漂移所到之处，这样就导致地表水分渗透流失、丧失水分；水土流失，植树被破坏；天文潮汐期所致；水利工程缺乏或者水利基础设施脆弱，没有涵养水源；天气是变化无常的，它并没有相应的洪涝和干旱汛期的规律，而我们所能做的就是在洪涝时蓄水涵养，到了干旱期时就能取水调水，这样人为地促进水资源的动态平衡也不失为一种良策。

旱灾最直接的表现就是土壤的水分不足，不能满足农作物的生长需要，从而造成农作物大幅度的减产或绝产。旱灾是普遍性的自然灾害，不仅让农业受灾，还严重的影响到工业生产、城市供水和生态环境。

导致旱灾发生的最主要的原因就是气候。在中国，人们通常所说的干旱地区就是指年降水量不足 250 毫米的地区，而半干旱地区则是指年降水量为 250～500 毫米的地区。全世界的干旱地区约占全球陆地面积的

25%，且大多数集中于撒哈拉沙漠边缘，中东和西亚，北美西部，澳洲的大部和中国的西北部。这些地区常年降雨量稀少而且蒸发量大，农业主要依靠山区融雪或者上游地区来水，如果融雪量或来水量减少，就会造成干旱。世界上的半干旱地区也占到了全球陆地面积的30%。半干旱地区多分布于非洲的北部，欧洲的南部，西南亚、北美洲的中部以及中国的北方地区等。导致季节性干旱、常年干旱甚至的连续干旱的发生就是因为这些半干旱地区的特点是降雨较少且分布还不均匀。

因为中国受季风气候影响较为广泛，所以在很大程度上，降雨量受到海陆分布及地形等因素影响，而且在区域间、季节间和多年间的分布很不均衡，所以不论是在旱灾发生的时期还是程度上都有着明显的地区分布特点。秦岭淮河以北地区春旱突出，有"十年九春旱"之说。在黄淮海地区经常出现春夏连旱，甚至是春夏秋连旱，是中国受旱面积最大的区域。长江中下游地区主要是伏旱和伏秋连旱，有的年份虽然是梅雨季节，可还是会因为梅雨期缩短或者少雨而形成干旱。在西北部的广大地区及东北地区的西部常年受到旱灾的影响。对于西南地区，春旱对农业生产的影响最大，四川的东部则经常出现伏秋旱，就连降雨较多的华南地区也时有旱灾发生。由以上情况来看，中国受旱灾的影响是相当广泛的，几乎遍及全国。

干旱程度级别

小旱：小旱相对来说是干旱程度最低的一种旱情，它指的是在连续无降雨天数上，春季达16～30天，夏季16～25天，秋、冬季节达31～50天的灾情。

中旱：同样是按照连续无降雨天数划分的，春季达31～45天、夏季26～35天、秋冬季51～70天的干旱状况。

大旱：大旱是指春季连续无降雨天数达46～60天，夏季时达36～45天，秋冬季为71～90天。

特大旱：是干旱中最为严重的一种，它指的是连续无降雨天数，春季在61天以上、夏季在46天以上、秋冬季在91天以上的一种旱情。当然它所造成的影响也是最严重的，它的出现可能导致农作物颗粒无收。

防旱与抗旱的措施

自然灾害是否会造成灾害取决于很多的因素。对于干旱，它是不是造成了灾害也受到多种因素的影响，对农业生产造成的危害取决于人们是否做好防护措施。世界范围各国防止干旱的主要措施是：（1）兴修水利，发展农田灌溉事业；（2）改进耕作制度，改变作物构成，选育耐旱品种，充分利用有限的降雨；（3）植树造林，改善区域气候，减少蒸发，降低干旱风的危害；（4）研究人工降雨技术和一些节水措施，例如人工降雨，喷滴灌、地膜覆盖等，同时那些质量较差的水源也可以暂时利用一下，如劣质地下水、海水等。

要想防治干旱，就先要防止水土流失，具体的措失有：尽可能种树植树，防止土地沙化；同时要防止土壤板结，那样不利于种植农作物的生长；尽可能地使用农家肥，少用无机肥，含磷的一类化肥尽量不要用，因为当它们随雨水进入河流时会使水富营养化，从而使一些河水中的藻类大量繁殖，进而会破坏生态平衡。

旱灾历史悲剧

世界各地都有干旱的踪影，有的地方旱情还十分严重。有资料显示，埃及 1199 年初的大饥荒、印度 1898 年的大饥荒和中国 1873 年的大饥荒已分别被列入了"世界 100 灾难排行榜"。这些大饥荒都是因为干旱缺水引起的，这样的灾害造成了千百万人丧生。

在 20 世纪内，全世界发生的"十大灾害"，相较于其他的灾害来说，旱灾居首位，其中占到了五次之多，分别是：

第一，在 1920 年中国北方大旱。山东、河南、山西、陕西、河北等省遭受了 40 多年最大的旱灾，受灾人数达 2000 万，死亡 50 万人。

第二，1928～1929 年，中国陕西大旱。陕西全境共 940 万人受灾，死亡人数达 250 万人。

第三，1943 年，发生于中国广东的大旱。许多地方年初至谷雨一直都没有下雨，造成严重粮荒，仅台山县一个县饥民加死亡人数达 15 万人。

第四，1943 年，印度、孟加拉等地发生了严重的大旱。由于没有水浇灌庄稼，导致粮食歉收，造成了严重的饥荒，死亡 350 万人。

第五，1968～1973 年的非洲大旱。此次大旱中 36 个国家受到了不同程度的影响，受灾人口达 2500 万人，死亡人数达 200 万以上。

回头看看整个生物进化和人类的文明历程，干旱导致了恐龙的灭绝，也是干旱让生物界遭受到了几近毁灭的程度，同时人类文明的发展也因此遭受过许多挫折。

清朝光绪初年，在华北大部分地区都发生了大旱灾。这次大旱持续时间长、范围大，造成了非常严重的后果。大旱持续了整整四年，从 1876 年到 1879 年，受灾地区有山西、河南、陕西、直隶（今河北）、山东等北方五省，并波及苏北、皖北、陇东和川北等地区；大旱不仅使

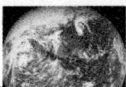

农产品颗粒无收，田园荒芜，而且出现了饿殍载途，白骨盈野的悲惨景象。因为在这场旱灾中，以河南、山西的旱情最为严重，所以这次旱灾又被称为"晋豫奇荒""晋豫大饥"。历史上还有许多像这种因为干旱而造成的悲惨案例。

◎台风灾害

台风一般只会发生在一些沿海地带，它是热带气旋的一个类别。在气象学上对台风的定义是：热带气旋中心持续风速达到 12 级（即每秒 32.7 米或以上）称为飓风，这一名称使用在北大西洋及东太平洋地区；而对于北太平洋西部地区，也就是赤道以北，东经 100 度以东的地区，这种灾害被称为台风。

台风形成

处于热带区域的海面因为长期受到太阳的直射，所以海水的温度不断升高，海水在蒸发的过程中又会产生很多的水汽。水汽在抬升的过程中会发生凝结，释放出大量潜热，促使对流运动的进一步发展，令海平面处气压下降，造成周围的暖湿空气流入补充，然后再抬升。如此循环，形成正反馈，即第二类条件不稳定机制。在有些条件合适的海面上，这种循环的影响范围会不断地扩大，有时甚至可达数百至上千千米。

地球自转时候的方向是自西向东做高速自转，这样就使得气流柱与地球表面不断地产生摩擦，而且越是接近赤道的地区摩擦力越强，这就引导气流柱逆时针旋转（南半球系顺时针旋转）。因为气流柱旋转的速度跟不上地球自转的速度从而就形成了一种感觉上的西行，这就是我们现在所说的台风和台风路径。

由于一些热带或副热带海洋上的表面温度过高，使得大量的空气受温度的影响不断地膨胀上升，致使近洋面的气压降低，外围空气源源不断地补充流入上升。受地转偏向力的影响，流入的空气旋转起来。而上升空气膨胀变冷，其中的水汽冷却凝结形成水滴时，要放出热量，又促使低层空气不断上升。这样一来，近洋面的气压就一下子降下去很多，空气旋转也变得更加猛烈，最终就形成了台风。

台风的产生必须具备几种条件，从台风的结构来看有以下几种：

① 首要的条件就是高温、高湿，由于热带海洋底层的大气温度与湿度主要决定于海面水温，而台风的形成只能在海温高于 27℃ 的暖洋面上，就连 60 米深度的水温也有要求，所以一般也要高于 26℃～27℃。

② 还要有低层大气向中心辐合、高层向外扩散的初始扰动，而且低

层辐散必须低于高层辐合，这样才能保证有足够的上升气流，从而低层扰动才能不断地加强。

③ 垂直方向的风速不能相差太大，要保证上下层空气相对运动较小。只有上下层空气相对运动极小，才可以让初始扰动中水汽凝结所释放的潜热能集中保存于台风眼区的空气柱中，形成并加强台风暖中心结构。

④ 地转偏向力的作用必须足够大。地球的自转对气旋性涡旋的生成有很大的帮助。而地转偏向力是从赤道向南北两极逐渐增大的，在赤道附近几乎为零，因此台风根本不会发生在赤道上，基本上都发生于大约离赤道 5 个纬度以上的洋面上。

台风源地

西北太平洋的低纬度洋面就是台风源地，在西北太平洋上从最初的热带扰动发展为台风的初始位置，在经度和纬度方面都存在着相对集中的地带。而在太平洋的东西方向上，最初的热带扰动发展成台风多发的 4 个海区：分别是中国的南海海区；菲律宾群岛以东、琉球群岛、关岛等附近海面，这也一个最重要的台风发源地；马里亚纳群岛附近的海面；马绍尔群岛附近的海面。这 4 个海区都是台风集中分布的地区，多数台风都源于这些海区。

台风分级

台风强度的分级，在国际上是依据其中心附近的最大风力来确定的。

按照台风中心附近最大风力来分，从在大小上可分为 6 个级别：

超强台风：底层中心附近最大平均风速要达到 51.0 米/秒以上，即 16 级或以上。

强台风：底层中心附近最大平均风速 41.5～50.9 米/秒，即 14～15 级。

台风：底层中心附近最大平均风速 32.7～41.4 米/秒，即 12～13 级。

强热带风暴：底层中心附近最大平均风速 24.5～32.6 米/秒，即风力 10～11 级。

热带风暴：底层中心附近最大平均风速 17.2～24.4 米/秒，即风力 8～9 级。

而对于热带低压，是指其中心附近最大平均风速为 10.8～17.1 米/秒的台风，即风力达 6～7 级。

台风路径

台风的动力分为内力和外力，它决定了台风的移动方向和速度。内力是台风范围内因南北纬度差距所造成的地转偏向力差异引起的向北和向西的合力，台风范围愈大，风速愈强，内力愈大。外力是台风外围环境流场对台风涡旋的作用力，即北半球副热带高压南侧基本气流东风带的引导力。内力主要在台风初生成时起作用，外力则是操纵台风移动的主导作用力，因而台风基本上自东向西移动。致使台风移动的路径变得多种多样的原因是受到副热带高压的形状、位置、强度及其他因素的影响。

从形成台风到其消亡要经历一个相当漫长的演变，它们在形成之后，一般都会移出源地并经过发展、成熟、减弱和消亡的演变过程。气旋半径一般为 500～1000 千米，最高也可达 15～20 千米是发展成熟的台风。台风分为三部分：从外至内，分别为外围区、最大风速区和台风眼。外围区的风速从外向内增加，有螺旋状云带和阵性降水；而最大风速区会产生最强大的降水，平均宽 8～19 千米，它与台风眼之间有环形云墙；台风眼位于台风中心区，呈圆形或椭圆形，直径约 10～70 千米不等，平均约 45 千米。在台风眼的位置无论风速、气压都是最低的。随着台风的逐渐加强，台风眼就会逐渐缩小、变圆。在卫星云图上看到的那些弱台风、发展初期的台风一般没有台风眼，那是因为它们本身的势力太弱的缘故。

防患事项

第一，当台风的来的时候，海水潮涌，大浪极其凶猛，这时千万不要下海游泳，就算是在海滩上游泳也十分危险。

第二，发生事故的时候不要擅自盲目行动，台风登陆时不可避难地会造成人员的伤亡，若发生外伤、骨折、触电等情况，千万不要盲目自救，最好打急救电话。不要到树木或是电线杆旁边，以防被砸或者发生触电意外。台风来临不要光着脚跑，最好可以穿上雨鞋，既可防雨又能预防触电。在外面行走一定要小心，避免去那些狭窄的小巷，要留意围墙倒塌。

第三，不要在建筑工地附近。台风来临的时候与一些建筑工地保持一定的距离，因为正在建设的工地围墙经过雨水渗透后，可能会变得松动，还有高楼上的钢管、榔头等，有可能会被风吹下来；在有塔吊的地方，更应该注意安全，因为台风太大的话，塔吊臂有可能会折断。经过一些正在进行立面整治的建筑时，最好也选择绕行，以免造成不必要的伤亡。

第四，若远行最好选择火车，在所有的交通方式中，火车是受天气因素影响最小的，尽量不要自己开车出去。

第五，检查家中的窗台、阳台。当台风来临前，为了自身及他人的安全，要将阳台窗台上的所有物品移到室内，因为这些物品在台风来临时很可能会随着大风掉落下去，造成人员伤亡。

◎地震灾害

地球板块运动会产生地震，地球内部的介质局部发生了急剧的破裂，产生的震波在一定范围内引起地面振动的现象就是地震。简单说，地震也就是地球表层的快速振动。中国古代时称它为地动。同海啸、龙卷风、冰冻灾害一样，地震也是地球上常见的一种自然灾害。最直观、最普遍的地震表现就是大地振动。在全球范围内，地震发生的频率极多，一年中全球平均会发生约 550 万次的地震。

成因和类型

地震并不是天然形成的，也有些地震是因为人为因素发生。此外，在某种比较特殊的情况下也会产生地震，比如大陨石冲击地面（陨石冲击地震）等。引起地震的原因有很多种，根据地震的成因概括，一般有以下 4 种：

1. 构造地震

构造地震是所有地震中发生频率最高的，它约占全世界地震的90％以上。主要是因为地下深处岩石破裂、错动把长期积累起来的能量急剧释放出来，以地震波的形式向四面八方传播出去，到地面引起的房摇地动称为构造地震。构造地震是发生次数最多的，同时也是破坏力最大的地震。

2. 火山地震

由于火山作用而引起的地震是火山地震。在火山作用下，发生了岩浆活动、气体爆炸等从而引起了地震，都称为是火山地震。不过，火山地震仅占全世界地震的 7％左右，因为它只会在火山区才会发生。

3. 塌陷地震

塌陷地震基本上都是人为的因素造成的，主要是因为地下岩洞或矿井顶部塌陷而引起的地震。塌陷地震发生时一般规模较小，次数较少，偶尔会在溶洞密布的石灰岩地区或大规模的地下开采的矿区发生。

4. 诱发地震

此类地震是因为水库蓄水、油田注水等人类活动引起的地震。一般这类地震不常发生，它只会发生在某些水库库区或油田地区。

5. 人工地震

由于地下核爆炸、炸药爆破等人为活动而引起的地面振动是人工地震。人工地震是由人为活动引起的地震。比如工业爆破、地下核爆炸活动都会造成地面振动；如果在深井中进行高压注水或在大水库中进行蓄水时会增加地壳的压力，有可能会诱发地震的发生。

地震分布

1. 时间分布

地震活动在时间分布上具有一定的周期性。它的表现是在一定时间内地震活动特别频繁，强度特别大，这一阶段被称为地震活跃期；在另一个时间段内的地震活动，相对前面的阶段来讲，频率少，强度小，这一阶段是地震的平静期。

2. 地理分布（地震带）

地震的发生受到地质条件的控制，所以地震在地理分布上也有一定的规律性。绝大多数的地震都分布在那些地壳不稳定的部位，特别是在板块与板块间的消亡边界，地震活动十分活跃会发展成地震带。全世界的三大地震带：

第一，环太平洋地震带：这个地震带范围极广，包括南、北美洲的太平洋沿岸，阿留申群岛、勘察加半岛，千岛群岛、日本列岛，后又经台湾到向菲律宾，最后转向东南直至新西兰。环太平洋地震带是地球上地震最为活跃的地区，世界上80%的地震都发生于该地区。这个地带刚好处于板块间的消亡地带，即在太平洋板块和美洲板块、亚欧板块、印度洋板块，南极洲板块和美洲板块的消亡边界上。

第二，欧亚地震带：该地震带的范围大致是从印尼西部，缅甸经中国的横断山脉，喜马拉雅山脉，再越过帕米尔高原，后又经中亚细亚到达地中海及其沿岸。该地震带处在世界上最大的板块——亚欧板块和非洲板块、印度洋板块的消亡边界上。

第三，中洋脊地震带：它包含世界三大洋（即太平洋、大西洋和印度洋）和北极海的中洋脊。相对于其他二大地震带，这个地带的地震较少，仅占全球地震的5%，并且此地震带的地震几乎都是浅层地震。

地震现象

最基本的地震表现就是地面连续振动，其最主要的特征就是有明显的晃动。

处于极震区的人们在感到地表大的晃动之前，会有地面上下跳动的感觉。这是因为地震波从地内向地面传来，纵波首先到达的缘故。横波接着产生大振幅的水平方向的晃动，是造成地震灾害的主要原因。地震带来的危害首先就是破坏建筑物，有时候除了让建筑物倒塌，还会破坏影响自然界的景观。地震带来的最主要的后果就是地面出现断层和地震裂缝。大地震的地表断层常绵延几十至几百千米，往往具有较明显的垂直错距和水平错距，它能反映出震源处的构造变动特征。不过，这并不能说明所有的地表断裂都直接与震源的运动相联系，还有可能它们是因为地震波造成的次生影响。比如，在一些地表沉积层较厚的地区，如坡地边缘、河岸和道路两旁经常会出现地裂缝，不过这些基本上都是因为地形因素造成的。在一侧没有依托条件的地区，地震带来的晃动，会使其表土松垮和崩裂。地震的晃动让表土下沉，浅层的地下水受到挤压就会沿地裂缝上升至地表，从而形成喷沙冒水现象。较大的地震让局部地形发生变化，或者隆起又或者沉降。也有可能导致城乡道路坼裂、铁轨扭曲、桥梁折断。如果地震发生在城市中，会造成地下管道破裂和电缆被切断从而造成停水、停电和通讯受阻的现象。在偏远的山区，地震还会引起山崩和滑坡，给村里的居民带来伤害。而崩塌的山石也会堵塞江河，在上游形成地震湖。

◎火灾灾害

人们常说："水火无情"。火灾的发生而引起的灾害是相当严重的。当然，火也有积极的作用，最原始的时候，因为有了它才让人类吃上了熟食，它给人们带来了温暖与光明，它是人类的朋友，可是它一旦失去了人们的控制，就会给人类和社会带来极大的危害。

火灾就是指那些在时间和空间上失去人们控制的燃烧所造成的灾害。在众多灾害中，火灾是发生最普遍地严重威胁公众安全和社会发展的主要灾害之一。人类能够对火进行利用和控制，是文明进步的一个重要标志。人类使用火就会不可避免的发生火灾。为了避免火灾的发生，在使用火的同时还要不断地总结火灾发生的规律和会引起火灾发生的各种因素，以尽可能地减少它对人类造成的危害和损失。

在古代的时候，人们就已经有了对付火灾的经验，并且将其总结为"防为上，救次之，戒为下"。社会在不断地发展进步，社会财富日益增多，而发生火灾的危险性也在增多，火灾的危害性也越来越大。看一组数字：中国 70 年代火灾年平均损失不到 2.5 亿元，80 年代火灾年平均损失不到 3.2 亿元，到了 90 年代，增到了十几亿元。这就说明，随着社会和

经济的发展，消防工作的重要性越来越突出。"预防火灾和减少火灾的危害"有两层含义：第一是做好预防火灾的各项准备工作，火灾来临可以及时扑灭火灾；第二是一旦发生火灾时，马上采取相应的措施，及时、有效地进行扑救，以减少火灾带来的损失和危害。

知识链接

·火灾分类·

根据火灾发生时可燃物的类型和燃烧特性，火灾可分为 A、B、C、D、E、F 六类。

A 类：固体物质火灾。这种物质一般具有有机物质性质，一般在燃烧时能产生灼热的余烬。如木材、煤、棉、毛等引起的火灾。

B 类：指液体或可熔化的固体物质火灾。如煤油、柴油、原油，甲醇、乙醇等引起的火灾。

C 类：气体火灾引起的火灾。比如煤气、天然气、甲烷、乙烷等。

D 类：指金属火灾。如钾、钠、镁等引起的火灾。

E 类：指那些物体带电燃烧的火灾。

F 类：指烹饪食物时所产生的火灾，这种火灾发生的范围小，较容易扑灭。

火灾等级

中国公安部下发的《关于调整火灾等级标准的通知》中对火灾制定了新的等级标准：特别重大火灾、重大火灾、较大火灾和一般火灾四个等级。特别重大火灾是指造成 30 人以上死亡，或者 100 人以上受重伤，或者 1 亿元以上直接财产损失的火灾；重大火灾是指造成 10～30 人以下死亡，或者 50～100 人以下重伤，或者 5000 万元以上 1 亿元以下直接财产损失的火灾；较大火灾，指造成 3～10 人以下死亡，或者 10～50 人以下重伤，或者 1000 万元以上 5000 万元以下直接财产损失的火灾；而一般火灾则是危害最小的一种火灾，它是指造成 0～3 人死亡，或者 10 人以下重伤，或者直接财产损失不足 1000 万元的火灾。

火灾逃生方法

每个人都想要自己的一生可以平平安安的，不过俗话说"天有不测风云，人有旦夕祸福"。火灾降临，会产生浓烟毒气和烈焰，有不少人根本无法逃出从而葬身火海，也有人死里逃生幸免于难。在面对火灾的时候，先要让自己冷静下来，然后才能运用火场自救与逃生知识来帮助自己逃生。所以，日常生活中就应该多掌握一些火场自救的知识和要诀，以便在火灾发生的时候可以顺利地脱离危险。

对自己生活和工作的环境要熟悉，知道安全出口的方向，方便在火灾发生时顺利逃生。当发生火灾时保持镇静，先扑灭小火，然后明辨方向，迅速撤离；不可因贪恋财物而多做停留；做简易的防护，蒙鼻匍匐；切记不可乘坐电梯，要选择楼梯逃生。平时，也可做一些演习，对于消防器材与设备一定要熟悉并懂得如何使用。这样，在火灾中，就不会因为消防知识缺乏而走投无路。

◎泥石流灾害

泥石流是一种自然灾害，一般它只会发生在山区或者沟谷深壑等险峻的地区，因为暴雨、冰川、积雪融化水等降水原因而在沟谷或山坡上产生的一种夹带大量泥沙、石块等固体物质的特殊洪流就是泥石流。它是高浓度的固体和液体的混合颗粒流。它的运动过程介于山崩、滑坡和洪水之间，是各种自然因素（地质、地貌、水文、气象等）、人为因素综合作用的结果。

泥石流的特点

泥石流的特点是：突然性，流速快，流量大，物质容量大和破坏力强。泥石流一旦发生则会冲毁公路铁路等交通设施甚至村镇等，造成的损失是巨大的。泥石流灾害的特点是：规模巨大、危害严重，危及面广，容易重复成灾。

一般情况下，形成泥石流需要的条件有三个：

1. 大量降雨；
2. 大量碎屑物质；
3. 山间或山前沟谷地形。

泥石流的种类

1. 按物质成分

泥石流：由大量粘性土和粒径不等的砂粒、石块组成。

泥流：以粘性土为主，含少量砂粒、石块、粘度大、呈稠泥状。

水石流：水和大小不等的砂粒、石块组成。

2. 按物质状态分

粘性泥石流：含大量粘性土的泥石流或泥流。其特点：粘性大，固体物质占 40～60％，最高达 80％。其中的水不是搬运介质，而是组成物质，稠度大，石块呈悬浮状态，爆发突然，持续时间虽短可是破坏力大。

稀性泥石流：水是主要成分，粘性土含量少，固体物质占 10～40％，

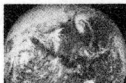

有很大分散性。水为搬运介质，石块以滚动或跃移方式前进，具有强烈的下切作用。其堆积物在堆积区呈扇状散流，停积后似"石海"。以上这两种分类在中国比较常见。

还有其他的分类方法。按成因分为：水川型泥石流，降雨型泥石流；按流域大小分为：大型泥石流，中型泥石流和小型泥石流；按发展阶段分：发展期泥石流，旺盛期泥石流和衰退期泥石流等。

泥石流的形成条件

1. 地形地貌条件

地形：山高沟深，地形陡峻，沟床纵度降大，便于水流汇集。地貌：分为形成区、流通区和堆积区。上游形成区：三面都是山，有一面的出口呈瓢状或漏斗状，地形比较开阔、周围山高坡陡、山体破碎、植被生长不良，这样的地形对水和碎屑物质的集中非常有利；中游流通区：狭窄陡深的峡谷，谷床纵坡降大，使泥石流能迅猛直泻；下游堆积区：开阔平坦的山前平原或河谷阶地，堆积物在此处堆积。

2. 松散物质来源条件

在那些地质构造复杂、新构造活动强烈、地震烈度较高的地方会经常性的发生泥石流现象。地表岩石破碎，崩塌、错落、滑坡等不良地质现象的发育，是形成泥石流的丰富固体物质来源；另外，岩层结构松散、软弱、易于风化、节理发育或软硬相间成层的地区，也容易受到破坏，为泥石流的发生提供丰富的碎屑物来源；人类工程活动也会造成泥石流的产生，比如滥伐森林造成水土流失，开山采矿、采石弃渣等等。

3. 水源条件

水是泥石流形成的重要条件，它不但是其主要构成部分，而且是泥石流的激发条件和搬运介质，产生泥石流的水主要来源于暴雨、水雪融水和水库溃决水体等。

泥石流的发生规律

泥石流的发生规律主要有两方面：

1. 季节性

中国泥石流的曝发有着明显的季节性，一般多发于多雨的夏秋季节。在四川、云南等西南地区的泥石流也多发生在降雨集中的 6～9 月。而西北地区降雨多集中在 6～8 月，而且 7、8 月降雨集中且强度大，所以泥石流多发生在这两个月。

2. 周期性

暴雨、洪水和地震都会周期性的出现，而它们与泥石流的发生有着密切的联系，所以，泥石流的发生和发展也随之有了周期性，与暴雨、洪水、地震的活动周期比较一致。当暴雨、洪水两者的活动周期相碰时，就是泥石流活动的高峰期。

泥石流的诱发因素

工农业生产的不断发展，人们对自然资源的开发也日渐增大。当这些开发违反了自然规律时，大自然就会反击报复，一些泥石流的发生，就是因为不合理的开发所造成。特别是近年来，由于人为因素而导致的泥石流数量一直呈上升趋势。

造成泥石流发生的人类工程经济活动主要有：1. 不合理开挖。一些不合理的工程开挖，比如修建铁路、公路、水渠等。这些工程破坏了山坡表面从而形成了泥石流。2. 不合理的弃土、弃渣、采石。3. 滥伐乱垦。乱砍滥伐会造成植被消失，山坡失去了保护，导致土体疏松，冲沟发育，水土流失致使山坡失去了稳定性，达到一定严重程度的时候就会引发泥石流。

泥石流的危害

泥石流最大的特点就是突然暴发、凶猛迅速和伴有崩塌，它所造成的危害比单一的崩塌、滑坡和洪水的危害更严重。泥石流所造成的危害有：

1. 对居民点的危害

泥石流会冲进乡村、城镇，摧毁房屋、工厂，淹没人畜、毁坏土地，以致造成村毁人亡的灾难。

2. 对公路、铁路的危害

泥石流的发生会毁坏车站、公路、铁路、桥梁等被毁，交通将会因此被阻断，如果火车或者汽车正在运行，很有可能会被其颠覆，造成伤亡事故。如果泥石流滑入河道，将会造成河道大幅变迁，造成公路、铁路及其他构筑物的被毁，还可能造成道路被迫改线，酿成重大经济损失。

3. 对水利、水电工程的危害

水电站尾水渠被埋，水电站、引水渠道和过沟建筑物被毁，水库被淤积等。

4. 对矿山的危害

矿山遭到摧毁，矿山坑道会被淤泥掩埋，对矿山工人造成伤害，导致矿山停产停工，严重时会导致矿山就此报废。

减轻或预防泥石流的工程措施：

1. 跨越工程：在泥石流沟的上方修建桥梁、涵洞，让泥石流只在下方排泄，可避防泥石流。铁道和公路等交通部门常用这种措施。

2. 穿过工程：在泥石流的下方修建隧道、明硐或渡槽，促使泥石流从上方排泄。铁路和公路也常用这种措施。

3. 防护工程：在泥石流地区的桥梁、隧道、路基，泥石流集中的山区变迁型河流的沿河线路或其他主要工程措施等处，修建防护建筑物，尽可能抵御或消除泥石流对主体建筑物的冲刷、冲击、侧蚀和淤埋等危害。比如护坡、挡墙、顺坝和丁坝等都属于防护措施。

4. 排导工程：利用导流堤、急流槽、束流堤等排导工程改善泥石流流势，加大桥梁等建筑物的排泄能力。

5. 栏挡工程：利用栏渣坝、储淤场、支挡工程、截洪等栏挡工程来控制泥石流的固体物质和暴雨、洪水径流，从而削弱泥石流的流量、下泄量和能量，减少泥石流对下游建筑工程的冲刷、撞击和淤埋等伤害。

其实，将多种措施相结合，会比采用单一的防护措施更加有效。

◎海啸灾害

水下地震、火山爆发或水下塌陷和滑坡等主要地质活动都会引起海啸。当地震发生于海底时会因震波的动力而引起海水剧烈的起伏，形成强大的波浪，向前推进，从而引发海啸，海啸可以将其周围的沿海城市一一淹没。

海啸的起因

简单来说，巨型海浪所造成的灾害就是海啸，一般都是因为海底地震引起的。水下或沿岸山崩或火山爆发也有可能引起海啸。在海底发生一次震动之后，震荡波就会在海面上形成不断扩大的圆圈，传播到很远的距离，就好像平时我们把卵石丢进水里产生的波一样。海啸的波长要比整个海洋的深度还要大，所以就算它的运动轨道在海底附近也不会受到多大的阻碍，因此，不管海水有多深，海啸的威力都可以顺利传播过去。那些会引发破坏性灾害的地震海啸，只有在垂直断层、里氏震级大于 6.5 级的条件下才会发生。当海底地震导致海底的地形发生改变时，地形变化的区域就会产生巨大的波动从而形成海啸。

海啸的传播速度与其移动的海水的深度有关联。在太平洋海域，海啸的传播时速一般是 300～1000 千米左右。不在深海区发生的海啸并不会带来很大的危害，有时，正在航行的船只也很难察觉到它的发生，所以，当海啸发生的时候，处在海外的船只很安全。一般一个海啸波的能量是一定的，当海啸登陆时它的深度会减小，所以波高就会剧增，轻而易举就能达到 20～30 米，整个海岸上的居住环境会遭受到毁灭性的灾难。

海啸的分类

海啸一般划分成四种类型：由气象变化引起的风暴潮、火山爆发引起的火山海啸、海底滑坡引起的滑坡海啸和海底地震引起的地震海啸。地震海啸是海底发生地震时，海底地形急剧升降变动引起海水强烈扰动。这种海啸有两种形式："下降型"海啸和"隆起型"海啸。"下降型"海啸是由于某些构造地震引起海底地壳大范围的急剧下降，海水首先向突然错动下陷的空间涌去，并在其上方出现海水大规模积聚，当涌进的海水在海底遇到阻力后，即翻回海面产生压缩波，形成很长的波浪，并向四周传播与扩散，这种下降型的海底地壳运动形成的海啸，在海岸首先表现为异常的退潮现象。"隆起型"海啸是地震引起海底地壳大范围的急剧上升，海水也随着隆起区一起抬升，并在隆起区域上方出现大规模的海水积聚，在重力作用下，海水必须保持一个等势面以达到相对平衡，于是海水从波源区向四周扩散，形成汹涌巨浪。这种隆起型海啸出现的时候，最明显的表现就是异常的涨潮现象。

海啸的危害

海啸迅猛地袭击岸边的城市和村庄，它所到之处几乎无一人能幸免，它会让所有的生命瞬间消失在巨涛骇浪中。它会毁坏港口的所有设施，震塌建筑物，海啸过后，海滩上将会一片狼藉，四处皆是残木破板和人畜尸体。海啸带给人类的灾害十分巨大，科学发达的今天，人类在面对这种巨大的自然灾害之时依然是束手无策，能做到的也就是尽可能地躲避将伤害降到最低。

海啸的纪录

中国很早就有海啸记载，公元前 47 年（西汉初元仁年）和公元 173 年（东汉熹平二年），中国记载了莱州湾和山东黄县海啸。正是这些资料记载曾被国外学者广泛引用，并认为是世界上最早的两次海啸记载，全球的海啸发生区大致与地震带一致。现在全世界有记载的破坏性海啸约有 260 次左右，平均大约六、七年发生一次。仅发生在环太平洋地区的地震

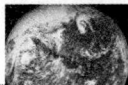

海啸就占了约 80%。日本列岛及附近海域的地震占太平洋地震海啸的 60%左右，全球受地震海啸伤害最深的国家就是日本。

海啸中如何逃生

如果在外旅行遭遇海啸该怎么办？

1. 地震的发生就是海啸来袭的前兆。如果已经感觉到有强烈的大地震动，千万不要再去靠近海边、江河的入海口。如果听到有关附近地震的报告，那么就应该做好防海啸的准备，时时注意电视和广播新闻。有时海啸会在地震发生几小时后到达离震源上千千米远的地方。

2. 如果正在海上航行的船在听到海啸预警后，千万不可着急返回港湾，海啸在海港中造成的落差和湍流非常危险。如果还有足够的时间，船主应该在海啸到来前把船开到开阔海面。如果没有时间开出海港，那么船上的所有人都要撤离停泊在海港里的船只。

3. 海啸即将来袭的时候，海水会明显升高或降低，如果你看到海面退潮速度异常快，那么就应马上撤离到内陆地势较高的地方。

4. 最重要的一点，不论是面对海啸、地震或是其他的自然灾害，身边都应该准备一个急救包，尤其是出远门的时候，急救包里不可缺少的就是水和食物，还有应急药物。

◎冻雨灾害

冻雨一般多发生在初冬或冬末春初时节，它是一种非常严重的自然灾害。冻雨是由过冷水滴组成，与温度低于 0℃ 的物体碰撞立即冻结的降水。低于 0℃ 的雨滴在温度略低于 0℃ 的空气中能够保持过冷状态，它与一般雨滴并无两样，当它落到温度为 0℃ 以下的物体上时，就会马上冻结成外表光滑而透明的冰层，被称为雨凇。轻微的雨凇是一种很美丽的自然景观，可是如果情况严重，就会压断树木、电线杆等，也会导致交通和通讯受到强烈的干扰而被完全中止，飞机在空中的飞行安全也会受到威胁。

冻雨成因

进入冬天之后，当雨水落在树木、房檐、山岩、电线杆等物体上就会马上结冰。这种雨在气象上被称为冻雨，它的凝结物叫做雨凇。冻雨与我们平时所见到的一般水滴不同，而是一种过冷却水滴（温度低于 0℃），它本来在云体中就应该凝结成冰粒或雪花，因为找不到冻结时必需的冻结核，所以当它碰上物体的时候就结冻成过冷却水滴。

导致冻雨形成最本质的原因就是低温，"冻雨"落在电线、树枝、地面上，随即结成外表光滑的一层薄冰，冰越结越厚，结聚过程中还边流动边冻结，结果就形成了一串串钟乳石似的冰柱、冰穗，俗称"冰挂"。看起来晶莹透亮，在阳光的照射下光芒四射，也算得上是人间的一番美景。不过，当它的重量达到物体所能承载的力量时，就会引发悲剧。形成"冻雨"，要使过冷却水滴顺利地降落到地面，往往离不开特定的天气条件。近地面 2000 米左右的空气层温度稍低于 0℃；2000 米～4000 米的空气层温度高于 0℃，比较暖一点；再往上一层又低于 0℃，这样的大气层结构，使得上层云中的过冷却水滴、冰晶和雪花，掉进比较暖一点的气层，都变成液态水滴。再向下掉，又进入不算厚的冻结层。当它们随着风被吹下来正准备冻结的时候，经过冷却的形式接触到冰冷的物体，在瞬间形成坚实的"冻雨"。在出现冻雨的时候，地面并不会很寒冷（0℃～3℃）。

虽然雨滴下落在结了冰的物体表面，会慢慢形成一条条冰柱，在阳光的照耀下，冰柱闪闪发亮，分外妖娆，不失为一道秀丽动人的景色。可是冻雨所带来的危害是非常严重的。比如，电线上结上冰凌后增加了重量、遇冷会发生收缩，使电线绷断，导致通信和输电中断事故；农作物遇到冻雨后被冻伤、冻死；地面上结冰，交通事故将会增多。所以，如果持续很多天出现冻雨，就会给人们的生活和生产活动带来灾害与影响。

冻雨危害

冻雨是一种自然灾害，纵使它是一年难得一见的美好景观，可是它美丽的背后，带给人们的损失是不可估量的。有时候，成排的电线杆被拉倒，就会导致电讯和输电系统中断。公路上会因为地面结冰而变得光滑，致使车辆受阻无法行驶，同时也会大大的增加交通事故的发生。田地里如果结冰，就会直接冻断返青的冬麦，或冻死早春播种的作物幼苗。冻雨还会大面积地破坏幼林、冻伤果树等。冻雨厚度一般可达 10 毫米～20 毫米，最厚的有 30 毫米～40 毫米。冻雨发生时，风力往往较大，所以冻雨对交通运输，特别对通讯和输电线路影响更大。有气象专家分析，冻雨是在特定的天气背景下产生的降水现象。在此期间，江淮流域上空的西北气流和西南气流都很强，地面有冷空气侵入，1500 米～3000 米上空又有暖气流北上，大气垂直结构呈上下冷、中间暖的状态，自上而下分别为冰晶层、暖层和冷层。即 3000 米以上高空大气温度往往在 -10℃ 以下，2000 米左右高空的大气温度一般为 0℃ 左右，而 2000 米以下温度又低于 0℃。冻雨一般多出现在 1 月上旬至 2 月上、中旬这一个多月内，从开始的日期是各不相同的，北方早南方迟，山区早、平原迟。冻雨结束的时候也是不一样的，地势较高的山区，冻雨开始早，结束晚，冻雨期略长。据统计，

江淮流域的冻雨天气，沿淮北 2～3 年一遇，淮河以南 7～8 年一遇。但在山区，山谷和山顶差异较大，山区的部分谷地几乎没有冻雨，而山势较高处几乎年年都有冻雨发生。冻雨严重的时候还可能把房屋压坍。飞机飞过有过冷水滴的云层时机翼、螺旋桨会积水，飞机的空气动力性能会受到严重的影响。

冻雨预防

发生冻雨的时候可以采用一些措施来减少和减小冻雨带的损失：遇到冻雨天气时，要及时发动输电设备，附近的居民把电力设备上的雨凇敲刮干净，这样可以避免冰块的大量聚集。在航空方面，飞机上应该安装除冰的自动装置，以应对出现的紧急情况；最安全有效的方法是，不在冻雨天气发生时飞行。

积累在公路上的冰，要及时撒盐融冰，此外还需要组织足够的人力清扫路面，尽量保持路面的干爽。如果交通事故已经发生，那么就应该及时在附近一定范围内放警示牌。在冻雨天气出现时，应该尽量避免出行，如果必须外出要做好相应的保暖和防滑准备，行人也要注意远离机动或非机动车辆。开车的人更应注意不能超车、加速、急转弯或者紧急制动等，否则很容易发生交通事故，可以在车子的轮胎上装上防滑链。

冻雨实例

1955 年，浙赣地区出现了严重"冻雨"，导致了数百根电线杆被压断损毁。浙赣地区的铁路运输一度中断。

1987 年 11 月和 1989 年 12 月，郑州市先后两次出现"冻雨"，受伤的就有 200 多人。

苏联西南部地区，一次"冻雨"拆毁、倒翻电杆近万根，造成大面积的电讯中断。

1972 年 2 月底，中国出现一次大范围的冻雨，广州、长沙、南京、昆明、重庆、成都、贵阳等地至北京的电信一度中断，造成的经济损失极其严重。

1984 年 1 月中旬后期，受强冷空气影响，贵州、湖南、江西、湖北等省不少地区出现冻雨天气，造成电线断线倒杆。贵州省的有线电话全部中断，严重影响通讯工作。湖南输电线积冰厚度在 20 毫米以上，一些高压线路一天溶冰 5～6 次。因受冰冻天气影响，贵阳客车站停开长途车 803 班次，农村公共汽车间断停开 418 班次。湖南长沙附近几个县停开班车 339 班次；仅临武、资兴两县折断竹木近 500 多万根（棵）。贵州有

10％提早抽薹的油菜受到冻害。

2008 年 1 月，湖南省遭遇冻雨，导致路面结冰，中国南北大动脉京珠高速湖南段出现交通堵塞。湖南郴州市电缆、电塔等大部分压断、倒塌，导致郴州市停水停电 8 天。此次灾害导致贵州黔东南大部分农村停电长达 20 天以上，直至农历 2009 年正月初一才恢复用电。这场五十年一遇的"冻雨"灾害给当地居民的生产生活带来了及其严重的损失。

2010 年 2 月 24 日至 25 日凌晨，辽宁省大部分地区降冻雨，是当地自 1999 年来最严重的一次。此次冻雨造成沈阳至北京间旅客列车停运 3 列、晚点 107 列，同时冰雨天气造成沈阳北部地区部分供电、供水一度中断，不仅给人们的生活带了不便，经济上更是有不小的损失。

◎沙尘暴灾害

沙暴与尘暴的共同称呼便是沙尘暴，它是大量的沙尘物质被强风卷入空中，使空气变浑浊并导致能见度下降到小于 100 米的严重风沙天气现象。其中沙暴指大风把大量沙粒吹入近地层所形成的挟沙风暴；尘暴则是大量的尘埃及其他细粒物质被大风卷入高空所形成的风暴。

沙尘暴天气成因

产生沙尘暴的主要动力是强风，形成沙尘暴的物质基础是沙尘。不稳定的热力条件有利于风力加大、强对流发展，从而夹带更多的沙尘，并卷扬得更高。此外，沙尘暴形成的特殊天气背景是前期会出现干旱少雨，天气变暖，气温回升等情况；地面冷锋前对流单体发展成云团或飑线，是有利于沙尘暴发展并加强的中小尺度系统；形成沙尘暴的有利条件之一就是地形的狭管作用。

1. 沙尘暴形成的化学机制

土壤、黄沙的主要成分是硅酸盐，当干旱地区少雨且气温变暖时，硅酸盐表面的硅酸失去水分。这样硅酸盐土壤胶团、砂粒表面就会带有负电荷，相互之间有了排斥作用，成为气溶胶不能凝聚在一起，从而形成扬沙也就是沙尘暴。所以，沙尘暴在本质上就是带有负电荷的硅酸盐气溶胶。

2. 沙尘暴形成的物理机制

由于高空干冷急流和强垂直风速、风向切变及热力不稳定层结条件，引起锋区附近中小尺度系统生成、发展，加剧了锋区前后的气压、温度梯度，形成了锋区前后的巨大压温梯度是沙尘暴形成的物理机制。在动量下

传和梯度偏差风的共同作用下，使近地层风速陡升，掀起地表沙尘，从而形成沙尘暴或者强沙尘暴天气。

沙尘天气的过程分类

经过浮尘天气过程、扬沙天气过程、沙尘暴天气过程和强沙尘暴天气这四个过程是沙尘天气形成的需要。

1. 浮尘天气过程

在同一次天气过程中，尘土、细沙均匀地浮游在空中，使水平能见度小于10千米的天气现象扬沙天气过程。

2. 扬沙

风将地面尘沙吹起，让空气变得混浊，水平能见度在1千米至10千米以内的天气现象。

3. 沙尘暴天气过程

强风将地面大量尘沙吹起，使空气很混浊，水平能见度小于1千米的天气现象。

4. 强沙尘暴天气过程

大风将地面尘沙吹起，使空气很混浊，水平能见度小于500米的天气现象。

因为古地中海的抬升，导致大量的松软泥沙尘堆积。在干旱少雨的春季，再加上大风、植被稀疏的原因，具备了发生沙尘暴的自然条件。在中国西北等干旱地区，盛行西北风，再加上对植被的破坏，就大大增加了沙尘暴的发生几率和强度。

沙尘暴天气的危害

沙尘暴天气是一种灾害性很强的自然现象，在中国主要出现在西北地区和华北北部地区。沙尘暴会造成房屋倒塌、交通供电受阻或中断、火灾、人畜伤亡等；沙尘暴还会污染自然环境，从而破坏作物的生长。沙尘暴会给国民经济建设和人民生命财产安全造成相当严重的损失和危害。

沙尘暴的主要危害有：

1. 生态环境恶化

沙尘暴来临的时候，空气中会有狂风裹起的沙石，浮尘到处弥漫，如果人们经过沙尘暴地区，因为空气浑浊会呛鼻迷眼，同时呼吸道等疾病的人数也会增加。

2. 生产生活受影响

因为沙尘暴来临的时候会带来大量的沙尘，沙尘会遮挡住太阳导致正常天空的能见度降低，从而让天气变得阴沉，造成太阳辐射减少，几小时到十几个小时恶劣的低下能见度，很容易让人的心情沉闷，工作学习效率降低。轻者会使大量牲畜患染呼吸道及肠胃疾病，严重时将导致大量"春乏"牲畜死亡、刮走农田沃土、种子和幼苗。沙尘暴还会使地表层土壤风蚀、沙漠化加剧，覆盖在植物叶面上厚厚的沙尘会影响正常的光合作用，造成作物减产。沙尘暴还会导致气渐急剧下降，天空好像撑起了一把遮阳伞，地面处于阴影之下变得昏暗、阴冷，这种突发性的天气变化会让人一时间不知所措。

3. 生命财产损失

1993 年 5 月 5 日，发生在甘肃省金昌市、武威市、武威市民勤县、白银市等地市的强沙尘暴天气，受灾农田 253.55 万亩，损失树木 4.28 万株，造成直接经济损失达 2.36 亿元，死亡 50 人，重伤 153 人。2000 年 4 月 12 日，永昌、金昌、威武、民勤等地市强沙尘暴天气，据不完全统计仅金昌、威武两地市直接经济损失达 1534 万元。

4. 影响交通安全（飞机、汽车等交通事故）

沙尘暴天气来临很容易影响交通安全，它会造成飞机不能正常起飞或降落，它还会造成汽车、火车车厢玻璃破损、停运或脱轨。

5. 危害人体健康

如果人们暴露在沙尘天气中，就会被各种有毒化学物质、病菌等的尘土透过层层防护进入到口、鼻、眼、耳中。大量的有害物质如果在人体中不能得到清除就会感染各种疾病，严重威胁到人体的健康。

沙尘暴等级

沙尘暴强度划分为 4 个等级：

1. 弱沙尘暴，4 级≤风速≤6 级，500 米≤能见度≤1000 米；
2. 中等强度沙尘暴，6 级≤风速≤8 级，200 米≤能见度≤500 米，称为；
3. 强沙尘暴，风速≥9 级，50 米≤能见度≤200 米；
4. 特强沙尘暴，达到最大强度，瞬时最大风速≥25 米/秒，能见度≤50 米，甚至降低到 0 米。

沙尘暴的治理和预防措施

1. 把防治沙尘暴升到法制的高度，重视环境保护的意义。

2. 动员人们植树造林，恢复植被，加强防止风沙尘暴的生物防护体系。实行依法保护和恢复林草植被，从而防止土地沙化进一步扩大，这样才能尽可能的减少沙尘暴发生的源地。

3. 不同地区要因地制宜制定防灾、抗灾、救灾的规划，积极推广各种减灾技术，并建设一批示范工程，以点带面逐步推广，进一步完善区域综合防御体系。

4. 尽可能控制人口增长，减轻人为因素对土地的压力，保护好环境。

5. 要加强对沙尘暴的发生、危害与人类活动关系的科普宣传，让人们更清楚的认识到所生活的环境如果遭到破坏是很难再恢复的，而且环境被破坏不仅会加剧沙尘暴的发生，还会引发其他的自然灾害，从而形成恶性循环，所以保护自己的生存环境是每个人都应该做到的。

四道防线阻击沙尘暴：

1. 在北京北部的京津周边地区建立以植树造林为主的生态屏障；

2. 在内蒙古浑善达克中西部地区建起以退耕还林为中心的生态恢复保护带；

3. 在河套和黄沙地区建起以黄灌带和毛乌素沙地为中心的鄂尔多斯生态屏障；

4. 尽快与蒙古国建立长期合作防治沙尘暴的计划框架，设置到蒙古国的保护屏障。

沙尘暴防灾应急

应急要点

1. 遇到沙尘天气的时候一定要及时关闭门窗，必要的时候可以用胶条将门窗的缝隙进行密封；

2. 外出的时候一定要戴口罩，必要时带上眼罩，如果本身就在沙尘暴多发地区，那么最好平时都随身携带口罩和眼罩，以免被沙尘侵害眼睛和呼吸道；

3. 要注意交通安全，机动车和非机动车应减速慢行，并且时刻注意路况，谨慎驾驶；

4. 妥善安置易受沙尘暴损坏的室外物品；

5. 发生强沙尘暴天气时尽量不要外出，尤其是老人、儿童及患有呼吸道过敏性疾病的人；

6. 平时要做好防风防沙的各项准备。

沙尘暴在生态系统中的作用

沙尘暴这种灾害性的天气虽然为人们带来了许多的不便和损失，但是沙尘暴在生态系统中的作用是不可或缺的，所以沙尘暴也是一把双刃剑。比如，澳洲的赤色沙暴中所夹带来的大量铁质，经证明它是南极海浮游生物重要的营养来源，而浮游植物又可消耗大量的二氧化碳，这样就能减缓温室效应的危害，所以沙尘暴带来的并非全都是负面的影响。

从另一种角度上分析，也许沙尘暴是地球为了应对环境变迁的一种症候，就好像人类感冒了会发生咳嗽，从而排除气管中的废物一样。为了研究沙暴提供塔斯曼海养分以及其他诸多效应，澳洲曾汇集了许多气候学者。他们发现澳洲沙暴的红色石英沉积物也可在新西兰找到，并且反而肥沃了新西兰的土地；这样一来，澳洲沙尘暴所造成的养分损失却给新西兰土地带来了养分。

科学家提供的资料表明，夏威夷当地肥沃的土壤沉积物中，也被证明有许多的养料成分来自于遥远的欧亚大陆内部。因为这两个地区相隔万里，普通的风根本没有办法把内陆的尘埃吹到这么遥远的地方，而沙尘暴却不同，它把细小却包含养分的尘土携上 3000 米高空，穿越大洋，再如同播种一般把它们撒下来。除了夏威夷群岛，科学家还发现，地球上最大的绿肺——亚马孙盆地的雨林也得益于沙尘暴，这个地方很重要的养分来源就是空中的沙尘。沙尘暴能把磐石变得葱葱郁郁的秘密在于，沙尘气溶胶含有铁离子等有助于植物生长的成分。此外由于沙尘暴多诞生在干燥高盐碱的土地上，沙尘暴所挟带的一些土粒当中也经常带有一些碱性的物质，所以往往可以减缓沙尘暴附近沉降区的酸雨作用或土壤酸化作用，沙尘暴的成分是带有负电荷的硅酸盐，所以它可以中和酸雨中的氢离子，从而减轻酸雨的危害。由此说明沙尘暴还具有降低酸雨的作用。

如果没有沙尘的作用，那么很多北方地区的酸雨危害要严重得多。经过测量分许，偏碱性的沙尘及其土壤粒子的中和作用能使中国北方降水的 PH 值增加 0.8～2.5，韩国增加 0.5～0.8，日本增加 0.2～0.5。虽然沙尘暴的危害很大，可它也是地球自然生态中一个必经的过程，自人类有史以来，就有沙尘暴的出现。现在人们可以去寻找研究沙尘暴的具体发生机制，这样就可以从根本上真正解决异常气候给人类生活及人类生存环境所带来的危害。

拓展思考

1. 大自然的灾害为人们的生活带来了哪些不便？
2. 为什么会发生这么多的自然灾害？
3. 遇到灾害天气我们该如何应对？

奇

奇妙的动物

QIMIAODEDONGWU

第五章

　　世界太奇妙了，在这个蔚蓝的星球上，除了人类，还生活着一群快乐的精灵，那就是各种各样的动物，我们的家园因为有了这些动物的相伴而变得多姿多彩，动物是我们最好的朋友。那么，你对动物又了解多少？爬行动物也是统治陆地时间最长的动物，其主宰地球的中生代也是整个地球生物史上最引人注目的时代。在那个时代，爬行动物统治着陆地、海洋、天空，地球上没有任何一类其他生物有过如此辉煌的历史。

　　动物也有着人类所不能及的优势，它们凭借着自身的长处，在这颗蔚蓝的星球上生息、繁衍，一代又一代。

爬行动物

Pa Xing Dong Wu

爬行类也可叫做爬虫类，是一类属于四足总纲的羊膜动物，分类上的层级为纲，较新的命名是蜥形纲。

第一批真正摆脱对水的依赖而真正征服陆地的变温脊椎动物是爬行动物，它们可以适应各种不同的陆地生活环境。统治陆地时间最长的动物也是爬行动物，其主宰地球的中生代也是整个地球生物史上最引人注目的时代，在那个时代爬行动物不仅是陆地上的绝对统治者，同时还统治着海洋和天空，目前所了解的，没有任何一类其他生物在地球有过如此辉煌的历史。

※ 各种爬行动物

知识链接

·种类繁多·

虽然现在已经不是爬行动物的时代，大多数爬行动物的类群已经灭绝，只有少部分幸存活了下来，可是就种类这方面来说，爬行动物依然是非常繁盛的一群，其种类仅次于鸟类而排在陆地脊椎动物的第二位。爬行动物究竟有多少种，科学家也很难说得清，不同的国家统计的数字可能相差千种，而且还有新的种类不断被鉴定出来，总体来说，爬行动物现在应该有近8000种。

◎现存的爬行动物划分

龟鳖类划分成龟鳖目，鳄类划分成鳄目，而鳞龙下纲的分目有两种意见，一种意见是分成喙头目和有鳞目，有鳞目进一步划分成蜥蜴、蚓蜥和蛇三个亚目，而蜥蜴亚目和蛇亚目再各自划分成几个下目或超科；另一种

意见是蜥蜴、蚓蜥和蛇各升级为一个独立的目，三者再合成一个有鳞总目，其中蜥蜴和蛇下属的下目或超科则升级为亚目。

对现存的爬行动物的分科也有不同意见，有些科被另一些专家划分成几个不同的科，还有些科归入哪个亚目也有争议，而这些目、科的拉丁文名称甚至各家都有不同的写法。

| 拓展思考 |

1. 现在我们的所见的动物是不是大部分都是爬行动物？

2. 会爬就叫爬行动物吗？

3. 你身边的爬行动物有哪些？

哺乳动物

Bu Ru Dong Wu

※ 哺乳动物鹿

哺乳类动物是一种恒温、脊椎动物，它们身体上有毛发且大部分都是胎生，并藉由乳腺哺育后代。动物发展史上最高级的阶段就是哺乳动物阶段，它也是与人类关系最为密切的一个类群。

◎哺乳动物的主要特征

哺乳动物具备了许多独特的特征，所以大大提高了后代的成活率、增强了对自然环境的适应能力。

最重要的特征是：

智力和感觉能力的进一步发展；

繁殖效率的提高；

获得食物及处理食物的能力的增强；

体表有毛、胎生，一般分头、颈、躯干、四肢和尾五个部分；

用肺呼吸；

体温恒定，是恒温动物；

脑较大而发达。

哺乳动物最显著的特征就是哺乳和胎生，胚胎在母体里发育，母体直接产出胎儿。母兽都有乳腺，能分泌乳汁哺育胎儿。这一切涉及身体各部分结构的改变，包括脑容量的增大和新脑皮的出现，视觉和嗅觉的高度发展，听觉比其他脊椎动物有更大特化；牙齿和消化系统特化有利于食物的有效利用；四肢的特化增强了活动能力，有助于获得食物和逃避敌害；呼吸、循环系统的完善和独特的毛被覆盖体表有助于维持其恒定的体温，从而保证它们在广阔的环境条件下生存。正是因为胎生和哺乳这种特有的特征，才保证了它们的后代有更高的成活率及一些种类的复杂社群行为的发展。

▶知识链接

·哺乳动物之最·

最大的哺乳动物：蓝鲸

最大的陆生哺乳动物：非洲象

最高的哺乳动物：长颈鹿

跑得最快的哺乳动物：猎豹

最臭的哺乳动物：美洲臭鼬

中国一级保护动物中的哺乳动物：蜂猴（所有种）、熊猴、台湾猴、豚尾猴、叶猴（所有种）、金丝猴（所有种）、长臂猿（所有种）、马来熊、大熊猫、紫貂、貂熊、熊狸、云豹、豹、虎、雪豹、儒艮、白鳍豚、中华白海豚、亚洲象、蒙古野驴、西藏野驴、野马、野骆驼、鼷鹿、黑鹿、白唇鹿、坡鹿、梅花鹿、豚鹿、麋鹿、野牛、野牦牛、普氏原羚、藏羚、高鼻羚羊、扭角羚、台湾鬣羚、赤斑羚、塔尔羊、北山羊、河狸等。

拓展思考

1. 哺乳动物是不是都是胎生的？
2. 人类是不是也属于哺乳动物？
3. 哺乳动物的智商是不是高于其他动物？

海洋动物

Hai Yang Dong Wu

$海$　洋中异养型生物的总称就是海洋动物，门类繁多，而且各门类的形态结构和生理特点有相当大的差异。微小的有单细胞原生动物，大的有长可超过30米、重可超过190吨。从海上至海底，从岸边或潮间带至最深的海沟底，都有海洋动物的存在。

※ 海洋的动物

　　海洋是重要的生命支持系统，而海洋动物则是生物界重要的组成部分。海洋动物现在已知的有16～20万种，它们形态多样，包括微观的单细胞原生动物，高等哺乳动物——蓝鲸等；海洋动物分布极广，从赤道到两极海域，从海面到海底深处，从海岸到超深渊的海沟底，都有其代表。海洋无脊椎动物、海洋原索动物和海洋脊椎动物是海洋动物的三种类型。

◎演化历史

　　最古老的栖息地——海洋孕育了生命。早在寒武纪有诸多高阶分类单元，如门、纲的代表种就已同时出现，但后来有很多类别灭绝，仅留下化石或少数的活化石种，如鹦鹉螺、鲨、海豆芽等，有的绵延子孙，众多分歧成许多品种。

　　就现生动物门而论，粗略可分为30多门（分类学家对此最高阶分类单元仍时有新发现从而进行修正、综合），其中自由生活栖息在海洋的有8门之多，又有14门动物只分布于海洋；分布于淡水的有14门，但没有整个门的动物都只产于淡水的；陆地产的则只有10门，其中有一门动物只产于陆地，显见海洋为生命之母。除此之外，海洋无脊椎动物诸门中，有很多动物的种类很少，而且形态又特异，这些物种本身就是演化而来的成果。

拓展思考

1. 你所认识的海洋动物有哪些？
2. 海洋动物是如何进化而来的？

沙漠动物

Sha Mo Dong Wu

在沙漠中生活的动物应该具有自身保持水分和抵抗高温的能力以及适应沙漠生活的形态特征，比如，可以利用有机物分解产物的水、减少皮肤呼吸、高张力尿的形成、夜行性、通过发汗和喘气的汽化热发散、与沙地相似的体色以及扁平而宽大的脚等。而且沙漠动物对于饥饿的耐受性要比近缘种大得多，而且它们都具有移动的能力，这些都与获得密度低且分散分布着的食饵有关，当然这也是一种适应现象。

因为高温和干旱，让大多数沙漠鸟类只能在黎明和日落后的几个小时内活动，大多数哺乳动物和爬行动物大都在黄昏以后才出来活动，蝙蝠、一些啮齿类动物则只有在晚上才出来活动。

◎火鸡和黑秃鹰

它将尿撒在自己的腿上，通过尿液的蒸发带走身体的热量；许多鸟类的羽毛和皮肤在长期的进化中变成了白色，能很好地反射强烈的光线。

◎鸵鸟

有人说鸵鸟在遇到遇到危险的时候会将头埋在沙子中，其实这是人们错误的说法。鸵鸟生活在炎热的沙漠地带，那里阳光照射强烈，从地面上升的热空气，同低空的冷空气相交，由于散射而出现闪闪发光的薄雾。平时鸵鸟总是伸长脖子透过薄雾去查看，如果受到惊吓或者发现敌情，它就干脆将潜望镜似的脖子平贴在地面，身体蜷曲一团，以自己暗褐色的

※ 鸵鸟

羽毛伪装成石头或灌木丛，加上薄雾的掩护，这样就很难被敌人发现。另外，鸵鸟将头和脖子贴近地面，还有两个作用，一是可听到远处的声

音，有利于及早避开危险；二是可以放松颈部的肌肉，以便更好地消除疲劳。事实上，并没有人真正看到过鸵鸟将头埋进沙子里去的情景，再说，如果那样的话，鸵鸟会被沙子闷死的。

◎骆驼

它是骆驼科属动物，鼻孔能开闭，足垫厚，适合在沙漠中行走；背有峰，内蓄脂肪，胃有三室，可以贮水，所以耐饥渴，可以多日不吃不喝，一旦遇到水草，可以大量饮水贮存。

※ 骆驼

▶知识链接

·生活在沙漠中的沙蜥·

沙蜥是可以通过改变体色来控制体温，从而减少水分的蒸发的。清晨，它的肤色一开始是黑的，当气温上升的时候，皮肤会变成沙土色用来反射过多的热量，减少水分的蒸发；到了黄昏，皮肤再度变色来适应身体内对水分的需要。

拓展思考

1. 沙漠里的动物是如何不让自己渴死的？
2. 沙漠里的动物可以不在沙漠里生活吗？
3. 你见过哪些沙漠里的动物？

稀有动物

Xi You Dong Wu

那些濒危动物就是稀有动物，它们是国家的重点保护对象，它是一项珍贵的、不可替代的、不可再生的自然资源。它们在维护生态平衡、促进经济发展、满足人民日益增长的物质和文化需求、发展对外关系、提高社会主义精神文明等方面有着相当重要的作用，因此，我们应该去保护那些稀有动物。

大熊猫是世界上最珍贵的动物之一，现在的数量十分稀少，属于国家一级保护动物。它们的体色是黑白相间，大熊猫是"中国国宝"。大熊猫是中国特有种，属熊科，现存的主要栖息地在中国四川、陕西等周边山区。全世界野生大熊猫现在仅存大约1590只左右。成年熊猫长约120~190厘米，体重85

※ 大熊猫

~125千克，它们靠吃竹子为生。全球大众都非常喜爱大熊猫憨态可掬的可爱模样，1961年世界自然基金会成立时，就以大熊猫为其标志。大熊猫俨然成为物种保护最重要的象征，同时大熊猫也是中国作为外交活动中表示友好的重要代表动物。

小熊猫是世界上最罕有的动物之一，它虽小却相当爱干净。目前被列为国家二级保护动物。它们只生活在印度、尼泊尔和中国的四川、西藏、云南等地。小熊猫的尾巴上有9条黄白相间的环纹，因此也叫九节狼。它们身体要比猫大些，动作像猫一样灵巧，性情温和，常常爬到很高很细的树枝上去休息睡觉。小熊猫生活于海拔2000~3000米的高山密林中，居住在枯树洞或岩洞里，只有在早上和晚上才出来觅食。它们的主要食物是野果、野菜、嫩叶、昆虫、小鸟和鸟蛋。小熊猫是相当爱清洁的动物，在吃东西前总是要把食物放在水里洗一下。

金丝猴的珍贵程度与大熊猫齐名，同属"国宝级动物"。现在除了中国之外，世界上仅有法国、英国等极少数国家的博物馆中收藏有这些稀世珍宝的若干标本。它们毛色艳丽，形态独特，动作优雅，性情温和，因此深受人们的喜爱。滇金丝猴是中国特有的世界珍稀动物之一，它仅存于白茫雪山自然保护区和萨马阁自然保护区。专家认为，这里的金丝猴最少有两个特点可称为世界之最：滇金丝猴分布的海拔高度都在 4000 米左，在全世界近 200 种灵长类动物中，分布地在海拔超过 2000 米的种类寥寥无几，这种分布的绝对高度是很罕见的。另外，滇金丝猴还有一副"面白唇红"的姣好容貌为其得来一份"最美的灵长类动物"的美誉。它们嘴唇宽厚，红艳，一双杏眼，上翘的鼻子，幼仔灰白色，憨态可掬非常好看。

※ 小熊猫

※ 金丝猴

金丝猴有四个种类：滇金丝猴、黔金丝猴、川金丝猴和越南金丝猴。其中除了川金丝猴全身是金黄毛色外，其他三种都没有金色的体毛。滇金丝猴的体毛主要是黑灰色和白色的，它背披黑毛，臀部、腹部和胸部都是白毛，面部是白色的。

东北虎又称西伯利亚虎，分布于亚洲东北部，即俄罗斯西伯利亚地区、朝鲜和中国东北地区。它们有三百万年的进化史。东北虎属中国一级保护动物并被列入濒危野生动植物种。东北虎是现存体重最大的猫科亚种，其中雄性体长可达 3 米左右，尾长约 1 米，体重达到 350 千克左右，体色夏毛棕黄色，

※ 东北虎

冬毛淡黄色。背部和体侧具有多条横列黑色窄条纹，通常 2 条靠近呈柳叶状。头大而圆，前额上的数条黑色横纹，中间常被串通，极似"王"字，因此它有"丛林之王"的美称。

▶ 知识链接

东北虎主要分布于中国的东北地区、西伯利亚和朝鲜北部，是现存体型最大和战斗力最强的猫科动物。

有"丛林之王"和'万兽之王'之美称（另一说法："汉字'王'，是根据虎头斑纹之状所造的象形文字"）。耳短圆，背面黑色，中央带有一块白斑。栖居于森林、灌木和野草丛生的地带。独居，无定居，具领域行为，夜行性。感官敏锐，性凶猛，行动迅捷，善游泳，善爬树。捕食野鹿、羊、野猪等大中型哺乳动物，也食小型哺乳动物和鸟。由于其栖息地和生态环境的破坏和偷猎者的捕杀，据统计目前野生的东北虎仅有 500 只，因此，中国政府规定了严格的保护办法，如果牛羊被虎捕食的话国家会给予相应的赔偿，并以法律规定禁止生产、销售以虎为原料的中药，如虎骨膏、虎骨酒等，堵塞市场，虽然如此，野生的东北虎仍然非常稀少。

特产于亚洲北部的貂属动物——紫貂，广泛地分布在乌拉尔山、西伯利亚、蒙古、中国东北以及日本北海道等地。紫貂因为它的皮毛而闻名。紫貂是在白天活动的猎食者。通过嗅觉和听觉猎取小型猎物，包括鼠类、小鸟和鱼类。有时也吃浆果和松果。紫貂大多在森林的地面上筑巢，在天气恶劣或遭遇捕杀时下，它们就会躲在巢穴中，甚至将食物储藏在里面。紫貂的皮毛称为貂皮，在中国只产于东北地区，与

※ 紫貂

"人参、鹿茸"并称为"东北三宝"。现在它已被中国列为一级保护动物，严禁捕猎野生紫貂。

分布范围

紫貂仅见于中国黑龙江的大兴安岭、小兴安岭、老爷岭、张广才岭、完达山，吉林的长白山和辽宁的桓仁县境内气候寒冷的林海雪原中，以及新疆北部的阿尔泰山等地，呈间断性分布。

◎雪豹

物种命名人及年代：Schreber，1776

有趣的地球——我们美丽的家园

英文名：Snowleopard，Ounce

保护级别：

中国物种红色名录评估等级：极危 CRA1cd

依据标准：生境严酷和脆弱、人类的过度干扰、放牧、食物资源下降、存在偷猎及非法贸易

中国红皮书等级：濒危

中国红皮书等级生效年代：1996

国家保护级别生效年代：1989

国家一级保护动物

雪豹是一种非常美丽却濒危的猫科动物，它是促进山地生物多样性的旗舰，也是世界上最高海拔的显著象征，是促进跨国界的国家公园或保护区建立的环境大使，是健康的山地生态系统的指示器。一般雪豹的活动路线是固定的，易捕获，加之豹骨与豹皮价格昂贵，人类不断的捕杀雪豹，导致雪豹的数量急剧下降。因为人类的猎捕活动给这种大型猫科动物带来了巨大的生存压力，现在不能确切的知道有多少野外雪豹生存，估计种群数量仅有几千只。雪豹已被列入国际濒危野生动物红皮书，目前哈萨克斯坦是拥有雪豹数量最多的国家。

※ 雪豹

拓展思考

1. 为什么有些动物被称为是稀有动物？

2. 稀有动物有什么意义？

3. 为了阻止稀有动物被伤害，我们应该做哪些努力？

美
丽
的
植
物

MEILIDEZHIWU

第六章

　　植物是生物界中的一大类，植物的世界千变万化，许多人对植物的世界充满了好奇心，究竟那是一个怎样的神秘国度？

　　宇宙包罗万象，在神秘的大自然中，植物是大自然中必不可少的一部分。空洞的语言难以记述植物这个大观园探索远古至今的奥秘。色彩斑斓或葱郁翠绿的植物居然是有毒的？有些植物居然可以食用？有些植物是有毒不能靠近的，那么本章将为你揭开美丽植物的神秘面纱。

什么是植物

Shen Me Shi Zhi Wu

什么是植物？我们平时看到的草地或是树森都是植物，提起植物就会让人想到植物就是不会动的生物。事实上，植物就是一种不会动的生物。植物不光给人类带来新鲜的氧气供人类呼吸，同时植物的利用价值很高，人们还可以在居家、工作中将植物合理利用，当然在日常生活中，人们可以享受到植物所带来的美丽景象。

◎植物的定义

对于植物的定义有很多，植物是百谷草木等的总称是比较完整的解释，它是生物中的一大类，这类生物的细胞多具有细胞壁，一般有叶绿素，多以无机物为养料，它们没有神经，没有感觉。

植物的世界里色彩缤纷，人类对植物的研究范围越来越广泛，植物的世界深深的吸引着人们的眼睛。在 2004 年统计时，植物的种类就高达287655 个物种，其中有 258650 种是开花植物，苔藓类植物有 15000 种。

植物不仅种类繁多，而且用途广泛。因为大部分植物不会动，人们就认为植物是呆板的，没有生命的。人们用植物来比喻，有生命但是已经呆滞的人或物。其实植物并非没有生命，植物也可以呼吸，而且植物也是有脉搏的。其实植物也是一种有灵魂的物种。

目前，植物的用途越来越广泛，植物为人类提供氧气，植物在我们的日常生活中还可以作为一种观赏物，也可以用作编织，园艺，造纸等等。植物越来越被人们所重视，现在有不少地区都会有专门的植物展览日，比如每年洛阳的牡丹节，日本的樱花会等。

植物是人类不可分割的一部分，虽然植物为人类提供了诸多的作用，但是如果人类过分的利用植物，并且大量的砍伐植物，会对植物造成破坏。因为有些人在利用植物的时候却不懂得去保护植物，所以社会大力呼吁保护生态平衡，只有人与自然和谐共处，社会才能更进步。

◎植物起源中心理论

自 19 世纪以来，植物学家对植物进行了多方面的研究调查，并进行

了植物地理学、古生物学、生态学、考古学、语言学和历史学等多学科的综合研究，据此，先后总结提出了世界栽培植物的起源中心理论。

1. 德坎道尔栽培植物起源中心论

在记载有关植物的研究中，德坎道尔通常被人们认为是世界上最早研究栽培植物起源的科学家。他通过对植物学的深入研究，以及探究栽培植物地区起源，出版了《世界植物地理》《栽培植物的起源》两部著作。他在《栽培植物起源》一书中提到，考证 247 种栽培植物后得出，起源于旧大陆的有 199 种植物，占植物种类总数的 88％以上。同时他的书中还指出有相当大的可能，中国、西南亚和埃及、热带亚洲地区是最早驯服这些植物的地区。

2. 瓦维洛夫栽培植物起源中心学说

世界上对植物的研究中，瓦维洛夫是研究栽培植物起源最著名的科学家，他根据先人研究的学说和方法，进一步的加深研究栽培植物的起源问题。1923 年，他组织了植物考察队，在世界上的 60 个国家进行了大规模的植物栽培起源考察，历时 10 年，一共搜集了共 25 万多份有关栽培植物的材料，对这些材料进行了综合分析和科学实验后，他出版了《栽培植物的起源中心》一书，发表了"育种的植物地理基础"的论文，提出了世界栽培植物起源中心学说，把世界分为 8 个栽培植物起源中心，其论述主要讲了栽培植物，包括蔬菜、果树、农作物和其他近缘植物 600 多个物种的起源地。

3. 勃基尔的栽培植物起源观

《人的习惯与栽培植物的起源》是科学家勃基尔编著的书，在书中系统讲解了植物随人类民族的活动、生长和迁徙而驯化的过程，并且论证了东半球多种栽培植物的起源，总结出了有关瓦维洛夫方法学上主要缺点，认为全部的证据都取自于植物而不问栽培植物的人。同时他还提出了有关影响植物驯化和栽培的一些重要观点，其中的两个重要理论点是"驯化由自然产地与新产地之间的差别而引起"和"对驯化来说隔离的价值是绝对重要的观点。"

4. 达林顿的栽培植物的起源中心

在研究植物的栽培和起源时，学者达林顿主要是利用细胞学方法用染色体进行研究和分析，而且他采纳了很多人提出的宝贵意见，将世界栽培植物的起源中心划为 9 个大区和 4 个亚区，有西南亚洲、地中海以及欧洲亚区；埃塞俄比亚和中非亚地区；中亚；印度和缅甸；东南亚；中国；墨西哥和北美，以及中美亚区；秘鲁和智利；以及巴西和巴拉圭亚地区。除了新增加了欧洲亚区以外，其他的划分基本上与瓦维洛夫相近。

◎植物的演变

在 25 亿年前，地球上的主要植物还是菌类和藻类的形态，随着时代的不断变迁，藻类生物发展繁盛。到距今 4 亿 3800 万年前的志留纪时期，就已经有藻类生物摆脱水域环境的束缚，初次登陆大地，进而进化为蕨类植物，也标志着大地开始出现植物类生物了。到了 3 亿 6000 万年前的石炭纪，蕨类植物开始大面积的出现绝种现象，不过其中还是有一部分生存了下来，这时的大地已经是石松类、楔叶类、真蕨类和种子蕨类的世界了，有这些种子形成沼泽森林遍布大陆的每一个角落。古生代盛产的主要植物于 2 亿 4800 万年前（三叠纪）几乎全部灭绝，而裸子植物开始兴起，进化出花粉管，并完全摆脱对水的依赖，形成茂密的森林。到了 1 亿 4500 万年前的白垩纪时代，被子植物开始出现，并在白垩纪晚期迅速发展，取代了裸子植物在陆地上的主导地位，形成被子植物时代，一直到现在还是被子植物是陆地植物的主导，比如现在的松、柏，甚至像水杉、红杉等植物，都是在这一时期进化出现的。

知识链接

·植物的起源·

氧气和水分是植物生长必备的两个条件，海洋是孕育生命的初始地。海洋是孕育生命的摇篮，蓝藻和细菌是海洋中出现最早的植物，同时也是地球早期出现的生物。这些生物在结构上比蛋白质团要完善得多，不过与现在最简单的生物相比还是要简单得多。这些生物没有细胞结构，连细胞核也没有，因此被称为原核生物。地球上的蓝藻数量极多，且繁殖速度很快，这些生物在新陈代谢中把氧气释放出来，它的出现在改造大气成分上有着惊人的成绩。在之后的生物进化过程中，逐渐出现了产生能自己利用太阳光和无机物制造有机物质的生物，这种生物还进化出了细胞核，如红藻，绿藻等新类型。藻类在地球上称霸了几万世纪后，它们植物体的组织发展逐渐复杂起来，达到了更完善的程度。随着时代气候的变迁，生长在水里的一些藻类被迫接触陆地，逐渐演化为蕨类植物，也就是裸子植物。又经过了大约一亿年的演变，地球的大陆上又出现了新的植物物种，这种植物一直延续生存到今天，它就是现在我们随处可见的被子植物。

不论植物还是生物，它们的进化都经历了漫长的岁月，几经演变，几经兴衰，由最初的无生命力到今天的生命力活跃，由低级到高级，由简单到复杂，由水生到陆生，经过这样复杂的发展历程，才出现了现代这些形形色色的生物及植物种类。在植物演变和发展的过程中，苔藓植物因为结构和生殖上特点，限制了苔藓植物进一步向陆地生活的发展，而蕨类植物由于能更好地适应陆生生活，所以得到了很好的发展，而且有一部分原始的蕨类植物慢慢进化成了种子植物。

◎植物细胞的外貌

众多形状和大小是各不相同的细胞组成了植物的身体，其不同部位细胞的形状和大小与它们行为的功能密切相关。直径在 10～200 微米之间的细胞是组成高等植物的重要因子。不同的植物，其组成的细胞大小差异也很大，一般必须在显微镜之下才能看到。在组成种子植物的细胞中，这些细胞的直径一般都是在 10～100 微米之间，较大细胞的直径也不过是 100～200 微米，也有少数植物的细胞较大，我们可以直接通过肉眼分辨出来，比如番茄果肉、西瓜瓢的细胞，这些植物的细胞直径可达 1 毫米；有的细胞极长，如苎麻纤维细胞可长达 55 厘米，还有最长细胞体的长度可达到数米，甚至是数十米之长，比如橡胶树的乳汁管，虽然很长可是这些细胞的横向直径却很小。植物细胞的大小是由遗传因素所控制的，其中最的重要的因素就是细胞核的作用。

◎细胞核的特征

1. 细胞核控制能力的限制，细胞核与细胞质是掌握细胞生长、发育和保持细胞的正常代谢活动重要因素，细胞质数量的生长受到细胞核的限制，影响细胞生长大小的重要因素是细胞核。

2. 细胞表面积的限制，在细胞生活中，细胞质不停的进行着植物的代谢活动，并与周围环境以及相邻的细胞体，不断地进行物质交换。物质在进入细胞体后，在内部会有一个扩散传递的问题。因为细胞核的体积小，所以相对物质在细胞体中的活动空间就比较大，这对物质的迅速交换和转运都创造了很好的条件。此外，细胞的大小受细胞内代谢速率的影响。在自然界中，那些新陈代谢速度快的植物，细胞体一般都比较小，相反，细胞体较大的植物其活动量就相对较少。

◎植物细胞的形体

组成植物体细胞的形状多种多样，一般常见的有球形、椭圆形、多面体、纺锤形和柱状体等细胞体。

尽管组成植物的细胞形状大小种类多种多样，不过它们基本上的结构还是一样的。比如，所有的活细胞都含有原生质和细胞壁。坚硬的细胞壁可以保护细胞体内部的原生质体，维持细胞体的形状，细胞壁的主要成分是纤维素。细胞壁是植物细胞独有的一层保护体，动物细胞都没有这种细胞壁的保护。植物细胞中包含的有质体是植物细胞生产和储存营养物质的

有趣的地球——我们美丽的家园

重要场所，常见的细胞质体就是叶绿体。叶绿体这个细胞器官的主要作用就是进行光合作用。在动物的细胞体中也没有质体的存在。大多数植物的细胞体中都含有一个或几个液泡，这种液泡中充满了液体，其主要的功能就是作为转运和储藏养分、水分，以及植物体的代谢副产物和代谢废物，在植物体中具有仓库和中转站的作用。此外，植物细胞中还包括了线粒体、内质网、高尔基体、核糖体、圆球体、溶酶体、微管、微丝等细胞器。不过植物细胞中最重要的部分就是细胞核，根据研究证明，细胞核是有由核膜、核仁和核质三部组成的。而细胞核中的核质直接控制影响着植物体的遗传和新陈代谢。

◎茎

植物在陆地上生长的重要部分就是茎。植物的茎上生长着枝叶和腋芽的部位被称为节，植物茎的节与节之间称为节间。茎主要的形态特征就是要具备节与节间，并不是根和节间之分，植物的根部是不长叶子的，这也是植物的根和茎在外形上的主要区别点。叶腋就是植物叶柄和茎之间的夹角处，在植物的茎枝顶端和叶腋均生有嫩芽。植物茎上的叶痕是叶子脱落后留下的痕迹；出现托叶痕是植物的托叶在脱落后留下的痕迹；芽鳞痕是被芽的鳞片脱落后留下的疤痕；茎枝表面隆起呈裂隙状的小孔是皮孔一般呈浅褐色。

◎芽及其类型

植物的枝条、花或花序的原始体被人们称为芽。按照植物芽体的不同，可以将其分为定牙、不定芽、叶芽、花芽、混合芽、裸芽、鳞芽、活动芽和休眠芽等类型。

定芽与不定芽：定芽就是在顶芽和腋芽等固定位置生长出来的嫩芽。由老根、老茎、叶上长出的芽，因为它生长的位置不固定，所以被称为不定芽。

叶芽、花芽和混合芽：在营养枝条上生长的原始体叫叶芽；花或花序的原始体叫花芽；混合芽是既发育形成叶，又形成花或花序的芽。

裸芽和鳞芽：鳞芽就是外围有芽鳞片包着的芽，无芽鳞片的叫裸芽。

活动芽和休眠芽：能在当年生长季节萌发生长的芽称为活动芽；温带木本植物枝条下部的芽，就算在植物的生长季节也不会萌发。暂时处于休眠状态的芽称为休眠芽，受到创伤等刺激的时候就可以打破休眠状态从而使休眠芽变为活动芽。

◎茎的分类和生长习性

根据植物生长习性的不同，植物的茎体也有所不同。

直立茎：指的是植物的茎直立生长于地面上，不需要依附其他任何物体，我们平时常见的有紫苏、杜仲、松、杉等体积比较高大的植物。

藤本茎的植物根据不同植物习性的不同，又可分为缠绕茎、攀缘茎和匍匐茎。

（1）缠绕茎

这种植物体喜欢以螺旋状的形式缠绕在其他物体上，所以其茎呈细长形态，其中五味子、薄草类的植物呈顺时针方向缠绕缠绕物体；牵牛、马兜铃则是呈逆时针方向缠绕物体；何首乌、猕猴桃缠绕物体的方式没有任何的规律。

（2）攀援茎

这种植物的茎体细长，必须有攀援物体的支持才能使其的茎得到良好的生长，在这其中包括黄瓜、葡萄等植物的攀援结构是茎卷须；而豌豆的攀援结构是叶卷须；爬山虎的攀援结构是吸盘；钩藤、蒲草的攀援结构是钩、刺；络石、薜荔的攀援结构是不定根。

（3）匍匐茎

这种植物的茎细长，喜欢平卧在地面，沿地面蔓延生长，在其枝节上生有不定根，可以在其生长的过程中，从地面吸收大量的养分。比如连钱草、积雪草、红薯等植物；它的枝节上不产生不定根的植物茎被称为平卧茎，比如地锦等植物。

除去以上所述植物茎的类型，还可以根据植物茎质地的不同，分为草质藤本植物和木质藤本植物。

◎茎的分枝

所有植物的茎的分枝都有一定的规律和方式，根据其分支方式的不同，可分为单轴分枝、合轴分枝、假二叉分枝和禾本科植物的分蘖四种。

1. 单轴分枝

这种分枝方式的特点主要是主茎顶芽的生长活动始终占优势，形成直立而明显的主干，其他各级的分枝状态依次变小。木材经济用树的分枝方式多为单轴分枝。

2. 合轴分枝

主茎顶芽生长活动形成一段主轴后即停止生长或形成花芽，由下侧的一个腋芽代替主芽继续生长，又形成一段主轴，之后又停止生长或形成花芽，再由其下侧的腋芽接替生长，一直如此反复的生长下去是这种分枝方式的特点，所以，这种植物的主轴是由主茎和相继接替的各级侧枝共同组成的，称为合轴分枝。合轴分枝会产生较多的分枝和较多的花芽，所以在很多果树的种植方法会用到这种分枝方式。

3. 假二叉分枝

具有对生叶序的植物中，这种植物主茎的顶芽活动到一定的时间就停止生长或死亡，由顶芽下面的一对腋芽同时生长形成两个分枝。每个分枝的顶芽活动到一定时候又停止生长，再由其下面的一对腋芽同时生长，一直如此反复的生长下去，就会形成许多二叉状的分枝是这种分枝方式主要方式，因为不是由植物顶端分生组织形成的分枝，所以称为假二叉分枝。

4. 禾本科植物的分蘖

禾本科植物的分蘖就是在茎基部密集的节上产生侧枝，并同时在节上产生不定根的现象。这样形成的侧枝被人们称为分蘖，依此类推由主茎基部产生的侧枝称为一级分蘖，一级分蘖基部产生的侧枝称为二级分蘖。

◎根

植物主要汲取营养、滋养生命的主要生存方式靠的就是根。植物有很多种类型，根据植物的不同种类对于植物的标准有不同的划分。

1. 主根

主要是种子萌发的时候，最先生长并不断垂直向下生长的那一部分。就好像大家熟悉的蚕豆，当它发芽的时候，突破种皮向外伸出呈白色条状的就是根，然后不断向下生长就形成主根。比如黄豆芽、绿豆芽和蚕豆一样的蔬菜，它们的主根就是向外生长的众多白色物质。

2. 侧根

当生长到一定长度后的主根，产生的一些分枝就是侧根。在黄豆芽、绿豆芽中，当主根长得较长时，就会在主根的末端侧面生长出一些分枝，这就是侧根。侧根生长过程中，可能再分枝，从而形成新的侧根，这就是第二级侧根，当然还可以有第三级、第四级……这种侧根的生长只要没有外界的影响就会不受任何限制而疯长，不过其主根只有一条而已。

3. 不定根

不定根并不是来自于主根和侧根的生长地，而是在的植物生长过程中从茎上或叶上长出的根。比如剪取一段垂柳枝条，插在潮湿的泥土中，过一段时间后就会在插入泥中的茎上长出了根，这就是不定根。一颗水仙

头，放在水中没几天，在它的底部密集地生出许多环根，这也是不定根。不定根也分为有侧根和无侧根两类植物，比如垂柳的不定根就有分枝的侧根，而水仙的不定根则没有分枝。

按照根的功能来划分

1. 贮藏根

贮藏根就是能贮藏养料的地下生长根，形态多样，通常情况下只有两年以上的草本植物才会有贮藏根。它所贮藏的养料是为了供越冬植物第二年的生长发育。根据它的发育部位贮藏根也可以把同期根分成肉质根和块根二类。

（1）肉质根

有一段节间极短的茎，其下由肥大的主根构成肉质直根的主体，由主根发育而成的肉质直根仅有一个肉质直根，在肉质直根的近地面一端的顶部，有一段节间极短的茎，其下由肥大的主根构成肉质直根的主部，一般不分枝，仅在肥大的肉质直根上先有细小须状的侧根。比如我们见到的萝卜的食用部分就是肉直根。根据它们的外形而言，最常见的有圆柱状根、圆锥状根、圆球状根。蒲公英、黄芪是我们常见的属于圆柱状根的植物，圆萝卜属于圆球状根，我们平常吃的胡萝卜则属于圆锥状根。

（2）块根

可以大量生长的侧根或不定根的局部膨大而成的且大量生长的就是块根。块根不仅与肉质直根的来源不同，它们的构造也不同，在块根的近地表一端的顶部，没有茎的部分，整个块根全部由根的膨大而形成。番薯在地下形成的肥大部分，就是最常见的块根，其他的还有大丽花、何首乌、百部、麦冬等植物，它们都具有块根。根据块根的外形，呈纺锤状的称纺锤状根，呈块状的称块状根，前者如百部，后者如番薯、何首乌。不同植物的块根有不同的大小、色泽和质地，所以人们可以此作为识别不同植物的依据。

2. 气生根

生长在地表以上的气生根是很特殊的一类根，它不仅可以起到呼吸的作用，同时还可以起到支撑植物体向上生长的作用，多年生根的草本或木本植物中较为常见。根据气生根的功能不同，也可把气生根分为攀援根、支柱根、呼气根三种。

（1）攀援根

攀援根通常生长于植物的藤茎之上，它的生长方式就是借助于细长柔弱的茎攀附在其他的物体上，这样使得植物的主干可以领先其他物体向上

生长，这类攀援根也就是不定根，像我们常见的常春藤、凌霄这类藤本植物。

（2）支柱根

支柱根也同样属于不定根，它是从茎干上或茎节上生长出的向下深入土中的不定根，它们的主要作用是支持植物直立生长。常见的支柱根可见于玉米、甘蔗，在它们茎杆茎干的基部接近地表的几个节上，在节的四周生出许多不定根，它斜向伸入土中，支持玉米、甘蔗的直立，减少其倒伏。在中国南方的榕树和江浙温室中的印度橡胶树是常见的长有支柱根的树木。

（3）呼吸根

呼吸根同样属于不定根，那些长期生活在缺氧环境中的植物，为了适应世界的环境从而逐步形成了一种为了露出地表或水面而向上生长的不定根。因为只有这样它们才能吸取大气中的气体，从而补充土壤中不充足的氧气。在上海的中山公园，生长在小岛上的落羽杉林下，它的气根从地面向上生长高达数十厘米，直径粗 10 厘米以上，被称为当地一奇观。此外，吊兰不仅有许多粗短的气生根还有垂向土中生长的支柱根。

3. 寄生根

寄生在其他植物的身上吸取现成养料的一种植物就是寄生根。它能直接生长在寄主的组织中，从寄主体内吸取养料，因此叫做寄生根。不过，只想靠寄生根来识别植物是不大可能的。

按照根的总体形态来分

植物的主根、侧根、不定根，以及不定根上的侧根的整体形态就是根的总体形态，按照根系的形态可分为直根系和须根系两种类型。

1. 直根系

直根系主要包括主根和侧根，一般主根的发育都比较旺盛，所以它的粗度与长度都极易与侧根区别，像雪松、石榴、蚕豆、蒲公英等都属于直系根。

2. 须根系

须根系的主根并不发达，组成它的主要部分是不定根，须根系的主根很早的时候就会停止生长，由茎的基部生长出许多较长而粗细大致相同，呈须状或纤维状的根，这种根系就被称为须根系，比如生活中常见的水稻、玉米、小麦、葱、蒜等植物的根系都属于须根系植物。

了解了植物的根系类型，就可以帮助我们识别更多的植物，就算不同植株之间的形态会有一些差异，可是它的根系类型是不会相互变化的。在

20 多万种的高等植物中，属于须根系的植物约占 1/4，属于直根系类型的约占 3/4。我们可以利用根系的类型来区别某些植物，根系类型是区别单子叶植物和双子叶植物这两大类的一个重要标志。因为几乎所有的单子叶植物的根系都是须根系，而绝大多数双子叶植物的根系是相根系。木本植物大多是须根系植物，而草本植物则有直根系和须根系两种类型。

◎叶子

不同植物的叶子形态是完全不同的，不过其中不会改变的就是它们都是由叶片、叶柄和叶托构成的。完整含有叶片、叶柄和叶托的叶子被称为完全叶。有些植物的叶子没有叶托，还有的叶子没有叶柄，也有个别植物的叶子没有叶片。可以进行光合作用叶绿体含在叶子里，供植物进行蒸腾的就是叶子上的叶孔。

叶子的组成

（1）叶片

由一层起保护作用的细胞组成的表皮就是叶片，它们排列紧密、无色透明。叶子进行光合作用的主要场所是位于上下表皮之间的绿色薄壁组织，也就是叶肉，它的细胞内含有大量的叶绿体。大多数植物的叶片在枝上取横向的位置生长，叶片有上、下面之分。上面是受光的一面，呈深绿色。而下面因为背光，所以呈淡绿色。有的叶子会因为两面受光的情况不同，而使两面的叶肉组织产生分化，这就是人们所指的异面叶。

有很多植物的叶子几乎处于完全直立的生长状态，因此，它们的叶子两面都可以接受阳光的照射，所以内部的叶肉组织比较均衡，并没有明显的组织分化，这样的叶称等面叶，比如玉米、小麦、胡杨。在异面叶中，近上表皮的叶肉组织细胞呈长柱形，排列紧密整齐，其长轴常与叶表面垂直，呈栅栏状，所以被称为栅栏组织，栅栏组织细胞的层数，因为植物的种类而异，通常为 1～3 层。靠近下表皮的叶肉被称为海绵组织，因为它的细胞内叶绿体的含量较少，从而呈现出不规则的形状，细胞间隙疏散就好像海绵一样。

（2）叶柄

在叶子中起到承上启下的载体就是叶柄，把上面的叶片与下面的茎相连。叶柄通常位于叶片的基部，不过也有少数植物的叶柄生在叶片的中央或者略偏下方，比如莲、千金藤等。叶柄的形态一般都是细圆柱形、扁平形或具有沟槽形。

（3）托叶

比叶片早长出来的是托叶，它是生长在叶柄附近的细小绿色或膜质片状物。它的生长保护了早期生长的幼叶和芽。托叶一般较细小，形状、大小因植物种类不同因而差异很大。在有些植物中，托叶的存在只是短暂的，它随着叶片的生长，会很快就脱落，仅留下一个不为人所注意的生长托叶的痕迹，比如石楠的托叶。还有一部分植物托叶的生命力相当顽强，它们可以和叶片共同生存在整个生长季节，比如茜草、龙芽草等。

叶子的形态

不同植物的叶子就像不同的人类一样，有着各自不同的形态。叶子的形态有鳞形、卵形、圆形、菱形、扇形、提琴形等各种各具特色的形状。世界根本找不出来两片完全相同的叶子，叶子不仅形状不同，各种形状叶子的边缘也不同，叶子的边缘称叶裂。中国古代"锯"的发明者鲁班，就是受到了叶裂的启发而有了灵感。

有一些植物为了适应外界的生活环境，叶子的组织会发生态变，最具有典型代表的就是沙漠中的仙人掌植物，仙人掌为了节制蒸腾尽量保存体内的水分，将其叶子退化成针叶状。

◎花

种子植物的繁殖器官就是花，它可以为植物繁殖后代，一般典型的花都生长着花萼、花瓣和产生生殖细胞的雄蕊与雌蕊，各种不同类型的花有着不同的香气以此吸引各种昆虫。

大部分的人都认为被子植物是真正的花，可是有些学者认为裸子植物的孢子叶球也属于"花"，不过一般情况下，只有被子植物才被称为是有花植物。

罂粟属的植物又被称为是"年生植物"，尽管它们生长非常快，但是开花和死亡都在一年之内。还有更多的植物可以存活更长的时间，这种植物叫做"多年生植物"。花的芽体是一种被塞满了的"小提箱"。它由一层坚韧的外皮覆盖着，能防止它受到伤害。在里面，花的不同部分被紧紧地裹起来，因此它们仅占据很小的空间。当芽体生长时，花在里面展开。很快，花开始变大，以至于芽体不能再容纳它们，然后它们开始绽放出花朵。植物的花朵都会利用自身的色彩和香味来吸引昆虫，蜜蜂会根据花的不同颜色来挑选自己喜欢的花蜜。

昆虫在花丛间飞舞不停，那是它们正在忙着传播花粉。它们在各类花朵中忙采集自己想要的花蜜时也同样帮助花朵传播了花粉。一种植物需要

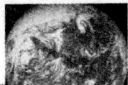

两种花粉囊结合起来时才发育种子。一种花粉囊叫胚珠，胚珠是在花的底部形成的，它们由子房保护着；另一种花粉囊叫做花粉粒，花粉粒需要和来自其他花的胚珠相结合，所以，花粉必须从一朵花上转移到另一朵花上。世界上最大的花是大王花，一朵大王花的直径有 1 米左右，与其他的花不同的是，大王花散发出来的不是香气而很臭的味道，所以给大王花传粉的使者也不同，并不是可爱的小蜜蜂，而是很多人都非常讨厌的苍蝇。夏天的空气中含有大量的花粉，所以很多对花粉过敏的人闻到后就会不停地打喷嚏。

花的结构

大部分人的观点都认为花的结构本质是一个节间缩短的变态短枝，花的形态、结构等和叶的一般性质相似。第一个提出这一观点的是德国的诗人、剧作家与博物学家歌德，他认为花是适合于繁殖作用的变态枝，他的这个观点有许多证据支持，并且对于多数被子植物花的结构也给出了相应合理的解释，所以这一观点到现在还被人们延用。

一般情况下由花梗、花托、花萼、花冠、雄蕊群和雌蕊群六个部分可组成一朵完整的花。其中花梗与花托相当于枝的部分，其余四部分相当于枝上的变态叶，常合称为花部。一朵四部俱全的花称为完全花，缺少其中任何一部分就不能被称为完全花。花的各部分及花序为了适应长期的进化从而产生了各式各样的适应性变异，因此花的类型是多种多样的，基本上是有多少类型的种子就会有多少种花的样式。

花的种类

一般常用的草本花卉：春兰、香堇、慈菇花、风信子、郁金香、紫罗兰、金鱼草、长春菊、瓜叶菊、香豌豆、夏兰、石竹、石蒜、荷花、翠菊、睡莲、芍药、福禄考、晚香玉、万寿菊、千日红、建兰、晚香玉、铃兰报岁兰、慈茹花、大岩桐、水仙、小草兰、瓜叶菊、蒲包花、兔子花、入腊红、三色堇、百日草、鸡冠花、一串红、孔雀草、大波斯菊、金盏菊、非洲凤仙花、菊花、非洲菊、观赏凤梨类、射干、非洲紫罗兰、天堂鸟、炮竹红、菊花、康乃馨、花烛、满天星、非洲菊、星辰花等。

一般常用的木本花卉：桃、梅花、牡丹、海棠、玉兰、木笔、紫荆、连翘、金钟、丁香、紫藤、杜鹃花、石榴花、含笑花、白兰花、茉莉花、栀子花、桂花、木芙蓉、腊梅、兔牙红、银芽柳、山茶花、迎春等。

花的生长过程

决定花芽分化形成的时期和方式是植物内在的遗传基因。植物花的形成，不仅需要营养生长的完成，更需要生殖阶段的完成。植物生长到一定阶段之后是不是可以形成花，在大多数的情况下，是由光照和温度等环境因素来决定的，昼夜相对长度的变化和温度会影响到大部分植物进入生殖时期。

在顶端诱发成花时，营养茎端的分生组织细胞就明显得变得浓厚，原来的大液泡也会分散成许多个小液泡。其他的细胞器，特别是线粒体数目会大大增加，细胞的呼吸作用也会增强。之后，小液泡又会明显增多变大，并且伴有细胞核的增大，核仁的体积也会显著增加。在这种增大的细胞核内，分散的染色体和浓缩的染色质的比率，诱发的分生组织要比营养茎端上的高。这时顶端分生组织的细胞内 RNA 合成加速，随着新的核糖体的形成，总蛋白质的数量也会增加。此外，随着成花因素的刺激顶端分生组织的细胞分裂会迅速向上攀升。

诱发期过后，就会发生 DNA 的合成和分裂活动的继续。等到细胞的数量增多到一定的数量时就会发生出花原基。这一过程通常指的是花形态发生时期。成花的分生组织的发生顶端分生组织在进入到生殖时期后，形态会有很明显的改变，而这些变化与营养阶段无限生长的停止和各种方式产生侧生附属器有着密不可分的关系。在营养生长的时期，顶端分生组织在新的叶间隔期开始以前，向上生长和增宽。相反，在花发育的时候，花器官的连续发生会造成顶端分生组织面积的逐渐减少。有一些花在心皮发生以后，还存留着一些数量的顶端分生组织，不过却停止了活动。有一些植物，则是由顶端分生组织的顶端部分产生心皮。根据花的不同类型，花器官可以成螺旋顺序向上形成又或者是在同一水平上分轮而形成。

| 拓展思考 |

1. 什么是植物？
2. 植物是从哪里来的？
3. 植物对人类有什么样的意义？

苔藓
Tai Xian

※ 苔藓

苔藓是一种很奇怪的植物，它是高等植物中一种最低等的植物。它的主要特征就是无花，无种子，孢子繁殖。现在全世界大约有23000种苔藓植物，其中中国约有2800多种。苔纲、藓纲和角苔纲包括在苔藓植物门中。苔纲至少有330属，大约8000种苔类植物；而藓纲则有近700个属，大约有15000种藓类植物；至于角苔纲则有4属，有近100种角苔类植物。

◎苔藓的形态特征

小型的绿色植物，结构十分简单，仅有茎和叶，有时只有扁平的叶状体，没有真正的根和维管束就是苔藓的形态特征。苔藓植物是喜阴植物，所以它一般只生长在阴暗潮湿的环境之中，比如裸露的石壁上，潮湿的墙角或者森林之中。

同其他高级的种类相比，苔藓的植物体已经有假根和类似茎、叶的分化。植物体的内部构造十分简单，假根是由单细胞或者由一列细胞所组成，无中柱，只在较高级的种类中，才会有类似输导组织的细胞群。虽然苔藓植物体的形态、构造如此简单，但是由于苔藓植物具有似茎、叶的分化，孢子散发在空中，所以它对陆生生活仍然有很重要的生物学意义。苔藓在植物界的不断演化过程中，始终是从水生逐渐过渡到陆生的典型植物。

◎苔藓的生长习性

虽然苔藓很喜欢潮湿的环境，可是它并不适宜生长在阴暗的地方，因为它本身需要一定散射光线或者半阴环境。特别不耐干旱及干燥的环境中并不适合苔藓的生长。如果是养殖它，那么一定要有光亮，每天需要喷水多次，空气的相对湿度应保持在80％以上。此外，温度不能低于22℃，最好是保持在 25℃ 以上，它才会更好的生长。苔藓植物是小型且多细胞的绿色植物，最大的苔藓也不过数十厘米而已。它是一种极其简单的低等植物，与藻类非常相似，都是扁平的叶状体。

◎苔藓的地理分布

苔藓植物既可以生存在热带、温带地区，也可以生长在寒冷的地区，比如格陵兰岛。所以它的分布范围极广。成片的苔藓植物称为苔原，主要分布于欧亚大陆北部和北美洲，局部出现在树木线以上的高山地区。苔藓植物生长起来非常密集，有很强的吸水性，所以它可以抓紧泥土，对水土的保持很有帮助。同时苔藓也可作为鸟类及哺乳类动物的食物。苔藓还可以积累周围环境中的大量水分和浮尘，从而分泌出一种酸性物质以腐蚀岩石，从而促进岩石的分解，形成土壤。

▶ 知识链接

·苔藓的使用价值·

苔藓对自然界中的作用表现在以下几个方面：

1. 自然界的拓荒者。因为大部分的苔藓植物可以分泌出一种酸性液体，这种液体会让岩石把表面慢慢溶解掉，加速了岩石的风化，从而形成土壤，其他植物之所以可以生长生存是离不开苔藓这个开路先锋的。

2. 促使沼泽陆地化。比如生长在沼泽地带繁殖的泥炭藓、湿原藓，它们都比较耐水湿，随着时间的不断推移，它们衰老的植物体或植物体的下部会逐渐死亡和腐烂，最终沉降到水底，长年累月，植物的遗体就会越积越多。这样就导致苔藓植物不断地向湖泊和沼泽的中心发展，沼泽的净水面积就会不断缩小，沼泽底部逐渐抬高，直到最后慢慢演变成了陆地。

3. 苔藓还能起到指示的作用。大多数的苔藓都可以指示土壤的酸碱度，比如生长着白发藓、大金发藓的土壤是具有酸性的土壤；而生长着墙藓的土壤则是碱性土壤。现在，苔藓植物还被人们当做是监测大气污染的植物。

4. 保持水土的作用。那些群集生长和垫状生长的苔藓，它们个体与个体之间有很多的空隙。所以，它们可以很好的保持土壤和储存土壤里的水分。还有一些苔藓植物其本身就贮藏有大量的水分，比如泥炭藓，它可吸收比自身重量多出 20 倍的水分。

| 拓展思考 |

1. 苔藓也算是一种植物吗？
2. 苔藓是怎样繁殖的？
3. 苔藓可以用来做什么？

蕨类植物

Jue Lei Zhi Wu

植物中主要的一类就是蕨类植物，它是高等植物中比较低级的一门，也是最原始的维管植物。它大部分为草本，只有少数为木本。蕨类植物的孢子体发达，有根、茎、叶之分，没有花，以孢子繁殖，它和苔藓植物一样都具有明显的世代交替现象，无性生殖是产生孢子，有性生殖器官具有精子器和颈卵器。一般分为

※ 蕨类植物

水韭、松叶蕨、石松、木贼和真蕨等五纲，共约 12000 种，它们大部分都分布在长江以南的各省区。

有多种蕨类植物都可以用来食用（比如蕨）、药用（比如贯众）或工业用（比如石松）。它还包括了原始的脉管类，例如蕨类、木贼和石松。这三种植物有着一样的发展史，都是在泥盆纪开始出现。在繁殖的过程中，所有的蕨类植物都需要静止的水，而新生的植物只能存活在肥沃的地方，因此在那些整年干燥的地方或四季变化极大的地点几乎不到它们的踪迹。

不过蕨类植物的孢子体要比配子体发达很多，它还拥有根、茎、叶的分化和由较原始的维管组织构成的输导系统，苔藓植物的特征与这些不同。蕨类植物产生孢子，而不产生种子，所以它与种子植物又有不同。蕨类植物的孢子体和配子体都能独立生活，这一点苔藓植物及种子植物均与它不同一样。总之，介于苔藓植物和种子植物之间的一个大类群是蕨类植物。

◎代表植物

峨眉耳蕨

鳞毛蕨科，多年生草本蕨类，高 25 厘米到 35 厘米。根状茎短，其边及叶柄有疏生鳞征。叶片 3～4 回羽状细裂，末回裂片狭细并且仅有小脉

1条。分布于云南、贵州、四川，只有在海拔800～1500米处的溪边潮湿岩石或者树干上才能看到它们的影子。

荷叶铁线蕨

铁线蕨科，多年生草本蕨类。高5～20厘米。根状茎短而直立。叶椭圆肾形，宽约2～6厘米，上面深绿色，很光滑，并且有1～3个同环纹，下面疏被棕色的长柔毛，叶缘有圆锯齿，长孢子叶的叶片边缘反卷成假囊群盖。孢子囊群长圆形或者短线形，生长在叶子的边缘，是中国特有的一种变种。仅只分布在四川万县，只有在海拔约205厘米处温暖、湿润并且没有荫蔽的岩石表面的薄土上、石缝或草丛中才有它们的生长足迹。

截基盾蕨

水龙骨科，草本蕨类，高约36厘米。根状茎很长可而是横走，大约粗2.5毫米，稀疏淡棕色鳞片。叶片呈长卵状三角形，侧脉很明显，侧脉间树叶的叶肉呈美观的淡黄色绿色宽带状。它们主要分布在贵州、广西、湖南等阴湿处和林下。

连珠蕨

水龙骨科，多年生大型附生蕨类，这种蕨类一般依靠大树的树干生存。根茎很短，叶片上布满长而细的狭条状淡红棕色鳞片，鳞片边缘有纤毛，叶子长50～60厘米又或者更长，没有叶柄，中部深羽半裂，顶部可育，裂片边缘全缘且增厚，羽片缢缩几呈小珠状。中国仅有台湾有这种植物，还有一些分布在菲律宾。

鹿角蕨

鹿角蕨科，多年生附生草本蕨类。叶二型，叶帖基本生于树干上，可以育叶3～5次，不规则叉裂成鹿角状。是国家二级保护稀有种。中国新发现分布的稀有植物，仅分布于云南西南部的盈江，生于海拔210～950米处的热带雨林中，多附生于树干和树枝上。也有一些分布在中南半岛上。

扇蕨

水龙骨科，多年生草本蕨类，其高达75厘米。叶子像是扇子一样的形状，鸟足状分裂，裂片披针形，中央裂片长10～30厘米，两侧则渐渐变短，叶背疏生棕色小鳞片，叶柄长30～45厘米。中国特有的品种，分

布于西南地区，在海拔 2000～2700 厘米处的阴湿常绿阔叶林和针阔混交林下或沟谷地段才能见到它们的生存。它是国家三级保护的濒临灭绝的品种。

桫椤

桫椤科，树形蕨类，高 1～6 厘米，其主要高度为 1～3 厘米，而胸径则 10～20 厘米。叶片三回羽状深裂，长 1～3 米，生于茎顶，幼叶蜷卷。其主要生长在海拔 400～900 米处的山沟潮湿地和溪边阳光充足的地方，分布于东南和西南地区，有时也散生于林缘灌丛中，所以在东南亚和日本南部也有分布。它们曾经在地球的中生代时期广泛分布，现在分布区缩小许多，属于国家一级何护的濒危品种。

蟹爪叶盾蕨

水龙骨科，草本蕨类，高 20～45 厘米。根状茎横走，密生暗褐色鳞片。叶片是阔卵形，基部二回深羽裂，裂片狭长披针形，宽 0.8～1.5 厘米，彼此以狭翅相连。只有在贵州、四川，生于山谷溪边和灌木下阴湿处才有它们的分布。

知识链接

·分布范围·

蕨类植物的分布范围非常宽广，除了海洋和沙漠之外，无论在平原、森林、草地、岩隙、溪沟、沼泽、高山和水中到处都有它们的踪迹，尤其在热带和亚热带地区，是这类植物的分布中心。

生存在地球上的蕨类大约有 12000 种，分布于世界各地，不过其中的大部分都分布在热带亚热带地区。中国大约有 2600 种，大多分布在西南地区和长江流域以南。

中国的西南地区是亚洲、也是世界蕨类植物的分布中心之一，中国蕨类植物最丰富的省份是云南，这个地区的蕨类植物种类达到约 1400 种。中国宝岛台湾面积虽不大，可是蕨类植物竟有 630 余种之多，世界蕨类物种密度最高的地区是台湾，它更是中国蕨类植物最丰富的地区。

拓展思考

1. 蕨类植物是不是分布非常广？
2. 我们身边的蕨类植物有哪些？

裸子植物

Luo Zi Zhi Wu

※ 裸子植物

原始的种子植物就是裸子植物，它的历史发展非常悠久。在古生代出现了最初的裸子植物，而在中生代至新生代它们是遍布各大陆的主要植物。现代生存的裸子植物有不少种类出现于第三纪，而后又经过了冰川时期才保留下来，并且一直繁衍到今天。地球上最早用种子进行有性繁殖的是裸子植物，在此之前出现的藻类和蕨类则都是以孢子进行有性生殖的。用种子繁殖是裸子植物最主要的优越性。

◎概况

裸子植物是种子植物中较为低级的一类。它有颈卵器，所以它既属于颈卵器植物，也是可以产生种子的种子植物。因为它的胚珠外面没有被子房壁包裹，所以不形成果皮，种子直接裸露在外面，所以被称为裸子植物。

其孢子体也就是植物体，相当发达，多为乔木，只有少数为灌木或藤木（比如热带的买麻藤），一般都是绿色的，叶针形、线形、鳞形，极少为扁平的阔叶（比如竹柏）。大多数次生木质部只有管胞，只有很少数有导管（比如麻黄），韧皮部只有筛胞而没有伴胞和筛管。大部分雌配子体都有颈卵器，只有少数种类的精子具有鞭毛（比如苏铁和银杏）。

古生代出现了裸子植物，中生代最为繁盛，后来因为地史的变化，导致其逐渐衰退。现代的裸子植物大约有 800 种，隶属 5 纲，即苏铁纲、银杏纲、松柏纲、红豆杉纲和买麻藤纲，9 目，12 科，71 属。其中，中国有 5 纲，8 目，11 科，41 属，236 种以及一部分变种和栽培的品种。

▶知识链接

　　裸子植物是很多地方的重要林木，尤其是在北半球，其中大的森林有80%以上都是裸子植物，比如落叶松、冷杉、华山松、云杉等植物。多种木材质轻、强度大、不弯、富弹性，都可以为人们所利用，它们可以用来作建筑材料，可以制作车船，可以用来作为造纸用材。

　　苏铁叶和种子、银杏种仁、松花粉、松针、松油、麻黄、侧柏种子等都可以作为药材为人们所用。落叶松、云杉等多种树皮、树干可以提取单宁、挥发油和树脂、松香等。刺叶苏铁幼叶可以食用，其髓可以制作西米，银杏、华山松、红松和榧树的种子则是可以直接拿来食用的干果。

◎典型代表

银杏纲植物

　　地质历史时期对植物化石的研究，有了可靠而丰富的依据。从化石材料记载，它的历史可以追溯到石炭纪，晚石炭纪而出现的二歧叶之后，早二叠纪的毛状叶，晚二叠纪的拟银杏、拜拉，三叠纪的楔银杏等这些有可能都是银杏的原始祖先。

　　到了中侏罗世就已经有很多银杏的生存。再从楔银杏、拜拉的孢子叶的情况看，它们的小孢子叶上有5～6个（偶尔有3～7个）小孢子囊，而银杏则有3个小孢子囊；毛状叶、拜拉和拟银杏等的大孢子叶上的胚珠数目，也大多

※ 银杏

都比现代的银杏要多。以此看来，现存银杏的小孢子囊和大孢子囊，有可能是经历了很多的"简化"过程而演变成的。另一方面，银杏和科得狄其实也有一些小小的相似之处，其中比较重要的就是它们单叶的叶基构造和叶脉形式一致；科得狄的胚珠还具有贮粉室，可以以游动精子来进行受精的特点，与银杏很相似，这些相似的特点都说明它们都起源于共同的祖先。

买麻藤纲植物

　　在现代裸子植物中，完全孤立的一群就是买麻藤纲植物。麻黄属、买

麻藤属和百岁兰属是现存的 3 个属，这 3 个属缺乏密切关系的类群，各自形成 3 个独立的科和目。它们不光在外形上，同时在生活环境上也有很大的差别，彼此间在地理上的分布又很遥远。不过从这 3 个属植物中，都可以或多或少地看到由生殖器官两性到单性，雌雄同株到异株的发展趋势，它们都属于比较退化和特化的一种类型。

红豆杉纲植物

在古植物学的研究中之中，我们可以看到在地质历史时期这类植物盛衰的情况和演化趋向，不过因为化石材料的不完整和研究程度受到限制，因此现存的红豆杉纲各科、属和已灭绝的类型之间的演化线索，并没有完全搞清楚。现在一般认为红豆杉纲有 3 个科：罗汉松科、三尖杉科（粗榧科）和红豆杉科（紫杉科），它们在系统发育上有着密切的关系。三尖杉科植物的孢子叶球中，没有营养鳞片，极有可能是晚古生代的安奈杉，通过中生代早期的巴列杉、穗果杉的途径演化而来的。而罗汉松科、紫杉科，则与科得狄植物有相似之处，尤其是穗状花序式的小孢子叶球序，大孢子叶球的结构以及变态的大孢子叶等都保持着和科得狄类似的原始性状。这就说明了，这两科的植物极有可能是从科得狄类直接演化而来的。

松柏纲植物

现代裸子植物中种、属最多的植物是松柏纲植物。因为它们植物体结构的原因，所以它们比铁树类、银杏类更能适应寒旱的自然环境；它们的胚珠受精方式比较进化，小孢子（花粉粒）萌发时产生花粉管，游动精子消失。正是因为如此，这类植物才能在地质历史进程中有更强的抵御自然环境变动的能力，所以才能更多的保存而活到现在的缘故。对于松柏类植物的起源，现在没有特别清楚，在地质史上出现较早的科得狄，可以看作是松柏类植物的先驱者，因为它与古老的松柏种类不论在形态上和还是结构上，都有很多重要的相似点，特别是和生长在石炭纪、二叠纪的松柏植物勒巴杉孢子叶球的结构几乎是一样的。

| 拓展思考 |

1. 裸子植物从古代就出现了吗？
2. 裸子植物有什么样的作用？
3. 我们身边最具裸子植物特征的植物有哪些？

被子植物

Bei Zi Zhi Wu

演化阶段最后出现的植物种类就是被子植物和显花植物。首先它们出现的时期在白垩纪早期，在白垩纪晚期它们占据了世界上植物界的大部分。被子植物的种子藏在富含营养的果实之中，为其生命的发展提供了良好的环境。由风当传媒，它们就可以受精，不过还有很大一部分则是由昆虫或者其他动物的传导，才使得显花植物能广散分布。

绿色开花的植物就是被子植物，在分类学上常称为被子植物门。被子植物是植物界最高级的一类，同时它还是地球上最完善、适应能力最强、出现得最晚的植物，自新生代以来，在地球上占绝对优势的就是被子植物。现在已经知道的被子植物约1万多属，大约有20多万种，占了植物界的一半，其中中国有2700多属，大约有3万种。被子植物能有如此众多的种类，具有这样广泛的适应性，与它们的结构复杂化和完善化是分不开的，特别是繁殖器官的结构和生殖过程的特点，更是它们适应和抵御各种环境不可缺少的内在条件，正是拥有了这些条件，才使得它们在生存竞争、自然选择的矛盾斗争过程中，不断产生新的变异，从而产生出新的物种。

◎被子植物的五大特征

被子植物可以说是药用植物最多的类群。同裸子植物相比，被子植物有真正的花，因此又可以称它为显花植物；胚珠包藏在子房内，子房在受精后形成的果实既起到保护种子的作用，同时也帮助种子的散布；具有双受精现象和三倍体的胚乳，此种胚乳不是单纯的雌配子体，而具有双亲的特性，所以使得新植物体有更强的生活能力；孢子体高度发达和进一步分化，除了乔木和灌木之外，更多的是草本；从解剖构造上来看，木质部中有导管，韧皮部有筛管、伴胞。在化学成分上，被子植物则具有多种生理活性，所有天然化合物的各种类型都在其中包含。

（1）具有真正的花

我们所见到的典型的被子植物基本上由四部分构成，分别是花萼、花冠、雄蕊群、雌蕊群。外层部分为花萼，由萼片组成，一般都是绿色，它起到保护花的作用；内层为花冠，由花瓣组成，色泽鲜艳，它可以引诱鸟、虫等来传粉的作用；至于雄蕊群，则是由雄蕊组成；子房或雌蕊群由心皮组成，可以接受花粉。被子植物花的各部在数量上、形态上有非常多样的变化。而被子植物的这些变化则是在进化过程中，因为不断地去适应虫媒、风媒、鸟媒、或水媒等传粉条件，而被自然界选择、保留，并且不断地加强所造成的。

（2）具有雌蕊

由心皮构成的雌蕊，包括了子房、花柱和柱头这三部分。子房内包藏有胚珠，因为有子房的保护，所以避免了被昆虫咬噬和水分的丧失。子房在受精后发育成为果实。果实具有不同的色、香、味，多种开裂方式；果皮上也经常会有各种钩、刺、翅、毛。正是因为果实具有这些特点，所以对种子的成熟和帮助种子的散布有非常大的帮助。

（3）具有双受精现象

这种现象是被子植物独特的特征。所谓的双受精现象，也就是指当两个精细胞进入胚囊以后，一个与卵细胞结合形成合子，而另一个与2个极核结合，形成3n染色体，发育为胚乳，幼胚以3n染色体的胚乳为营养，这样使得新植物体内的矛盾增大，所以具有更强的生活力。双受精现象是所有被子植物都具有的特点，由此可以看出它们拥有共同的祖先。

（4）孢子体高度发达

被子植物的孢子体都比其他各类植物有着更完善化、更多样化的特征，无论是在形态、结构、还是生活型等方面。世界上最高大的乔木，比如杏仁桉，它高达156米；也有微小如沙粒的小草本，比如无根萍，每平方米水面可容纳300万个个体。也有仅一颗种子就重达25千克，就好像王棕（大王椰子）；还有5万颗种子仅重0.1克的附生兰。有寿命长达6千年的植物，比如龙血树；有仅在3个周内就完成开花结籽的植物，比如那些生长在荒漠的十字花科类；有以水生、砂生、石生和盐碱地生的植物；也有可自养的植物。被子植物的次生木质部有导管，韧皮部有伴胞；而裸子植物之中大多都有管胞，韧皮部却无伴胞，裸子植物能够运输畅通，适应能力能够得到提高全是因为其输导组织的完善。

（5）配子体进一步退化

被子植物的小孢子发育成雄配子体，最后成熟的雄配子体一般只有两个细胞，其中一个为营养细胞，另一个为生殖细胞。小部分的植物在传粉之前生殖细胞就分裂1次，产生2个精子，因此这类植物的雄配子体为3核的花粉粒，比如石竹亚纲的植物和油菜、玉米、大麦、小麦等。不过对于大孢子，则发育为成熟的雌配子体，称为胚囊。一般情况下，胚囊只有

8个细胞：3个反足细胞、2个极核、2个助细胞、1个卵。原叶体营养部分的残余就是反足细胞。有的植物拥有很多的反足细胞，可达300多个，当然，也有的植物在胚囊成熟时，反足细胞就已经消失。助细胞和卵统称为卵器，它是颈卵器的残余。由此可以看出，不论是被子植物的雌配子，还是雄配子体都是没有独立生活能力的。它们的一生都要寄生在孢子体上，而在它的结构上，则是要比裸子植物简化的多。

以上五种就是被子植物具有的特征，正是因为这些特征才得它在残酷的生存竞争中，拥有了比其他植物更优越的内部条件。被子植物的产生，让地球上出现了色彩鲜艳、类型繁多、花果丰茂的景象。随着被子植物不断的发展，让那些直接或间接依赖于植物生存的动物界也相应的获得了发展，尤其是昆虫、鸟类和哺乳类动物，都是依赖被子植物的花、种子和果实来生存。

▶知识链接

·被子植物的经济利用·

被子植物的经济用途非常广泛。我们人类所食用的食物大都来源于被子植物，比如谷类、豆类、薯类、瓜果和蔬菜等。同时被子植物还为建筑、造纸、纺织、塑料制品、油料、纤维、食糖、香料、医药、树脂、鞣酸、麻醉剂、饮料等等提供了充足的原料。绿色植物对于环境具有非常强大的净化作用，它们每年能为地球提供几百亿吨宝贵的氧气，同时还能从空气中带走几百亿吨的二氧化碳，所以绿色植物是人类和一切动物赖以生存的物质基础。被子植物的木材为人类提供了能源，中国的园林植物资源相当丰富，因此拥有世界园林之母的雅号。现在，人们都喜欢通过栽种花草来美化环境、净化环境，从而保护环境，因此，植物与人类的生活是息息相关的。

|拓展思考|

1. 被子植物是会开花的绿色植物吗？
2. 被子植物为什么称为是被子植物？
3. 我们身边可利用的被子植物有哪些？

有毒植物

You Du Zhi Wu

　　自然界的植物极其广泛，它是自然界不可缺少的一部分，它不仅为人类提供食物，同时还可以作为重要的工业原料。植物与人们的生活息息相关。不过植物自身的化学成分是相当复杂的，有些植物含有一些有毒的物质，如果不小心接触到，就可能引发各种疾病严重的可导致死亡。我们平时也会接触到一些有毒的植物，其实有些不显眼的植物也可能有很强的毒性，只是平时对其不太了解而没有在意。

◎毒性分类

　　毒物，因为鉴定的目的不同，所以其分类方法也肯定不一致，比如在分析中毒症状及病理变化时，经常采用按毒理作用分类；在进行毒物分析时，常采用按毒物的化学性质分类；为追溯毒物来源、用途及其对机体的作用时，大多采用混合分类法。对于普通公共安全来讲，主要采用的分类法就是——混合分类法。

　　一、按毒物的毒性作用分类

　　1. 腐蚀毒，指对机体局部有强烈腐蚀作用的毒物。如强酸、强碱及酚类等；

　　2. 实质毒，吸收后引进脏器组织病理损害的毒物。如砷、汞重金属毒。

　　3. 酶系毒，抑制特异性酶的毒物。如有机磷农药、氰化物等。

　　4. 血液毒，引起血液变化的毒物，如一氧化碳、亚硝酸盐及某些蛇毒等。

　　5. 神经毒，引起中枢神经障碍的毒物。如醇类、麻醉药、安定催眠药以及士的宁、烟酸、古柯碱、苯丙胺等。

　　二、按毒物的化学性质分类

　　1. 挥发性毒物，通过采用蒸馏法或微量扩散法分离出的毒物。如氰化物、醇、酚类等。

　　2. 非挥发性毒物，采用有机溶剂提取法分离的毒物。如巴比妥催眠药、生物碱、吗啡等。

3. 金属毒，采用破坏有机物的方法分离的毒物。如砷、汞、钡、铬、锌等。

4. 阴离子毒物，采用透析法或离子交换法分离的毒物。如强酸、强碱、亚硝酸盐等。

5. 其他毒物，其他须根据其化学性质采用特殊方法分离的毒物。如箭毒碱、一氧化碳、硫化氢等。

三、混合分类（按毒物的来源、用途和毒性作用来综合分类）

1. 腐蚀性毒物，其中包括有腐蚀作用的酸类、碱类，比如硫酸、盐酸、硝酸、苯酚、氢氧化钠、氨及氢氧化铵等。

2. 毁坏性毒物，能引起生物体组织损害的毒物。比如砷、汞、钡、铅、铬、镁、铊及其他重金属盐类。

3. 障碍功能的毒物，如障碍脑脊髓功能生长的毒物，如酒精、甲醇、催眠镇静安定药、番木鳖碱、阿托品、异烟肼、阿片、可卡因、苯丙胺、致幻剂等；障碍呼吸功能的毒物，如氰化物、亚硝酸盐和一氧化碳等。

4. 农药，如有机磷、氨基甲酸酯类、似除虫菊酯类、有机汞、有机氯、有机氟、无机氟、矮壮素、灭幼脲、百菌清、百草枯、薯瘟锡、溴甲烷、化森锌等。

5. 杀鼠剂，磷化锌、敌鼠强、安妥、敌鼠钠、杀鼠灵等。

6. 有毒植物。如乌头碱植物、钩吻、曼陀罗、夹竹桃、毒蕈、莽草、红茴香、雷公藤等。

7. 有毒动物，如蛇毒、河豚、斑蝥、蟾蜍、鱼胆、蜂毒等。

8. 细菌及霉菌性毒素，如沙门菌、肉毒、葡萄球菌等细菌，以及黄曲霉素、霉变甘蔗、黑斑病甘薯等真菌。

◎十大有毒植物

第一位

柴藤的造型相当美丽，一般都是蓝色、粉红或白色，像小甜豆大小的花朵茂密地蔓延下垂，它主要生长在南部和西南部地区，它的另一名字叫云豆树。它的全身都具有毒性，虽然有些报告说它的花并不

※ 柴藤

带毒，不过还是应该小心。有大量报道表明，一旦误食，会引起恶心、呕吐、腹部绞痛、腹泻，一旦有不良症状就要采用相应治疗，比如静脉滴注和服用抗恶心药物等。

第二位

毛地黄的外表很不可思议，它可以长到1米之高，可是它总是给人一种娇弱无力的感觉，浅紫、粉红或白色的花朵围着主枝茎生长。它还有个名字可能大多数人都知道，叫"洋地黄"，它的叶子可以用作商用，治疗心脏病的药品的原材料就是"洋地黄"。如果你在野外误食了它的任一部分，就会先后出现恶心、呕吐、腹部

※ 毛地黄

绞痛、腹泻和口腔疼痛症状，甚至会出现心跳异常。这时，就应当到医院进行洗胃等方法来促进排毒，还需要通过服用药物来稳定心脏。这类植物还有很多别名，比如仙女钟、兔子花、女巫环等。

第三位

八仙花的外表十分艳丽，因为其花色繁多，从玫瑰红、深蓝到绿白色应有尽有，而且它的生长速度很快，能长到4.6米之高，它可以作为装饰庭院的植物，它看起来就像是大家想象中棉花糖和大圆面包一样，不过它是不可以食用的，一旦吃了八仙花，几小时后就会出现腹痛现象，典型的中毒症状还包括皮肤疼痛、呕吐、虚弱无力和出汗，

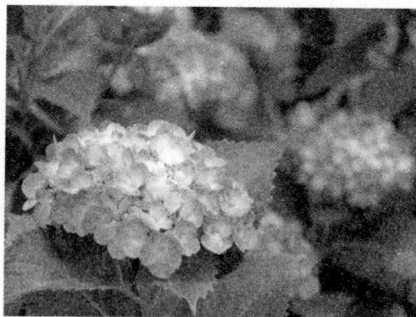
※ 八仙花

还有报告指出病人甚至会出现昏迷、抽搐和体内血循环崩溃。现在已经研制出了抵抗八仙花中毒的解毒剂。

第四位

外形非常小巧的百合花，又叫做五月花，钟形的小白花就像美人的秀

发一样娇羞地低垂向下，不过它身上到处都有毒，甚至它的尖端都有毒性。如果只是轻微地接触山谷百合也许不会受伤，可是如果吃下去，就会出现恶心、呕吐、口腔疼痛、腹痛、腹泻和抽筋，心跳变慢或不规律；通常采用的解毒方法就是洗胃，通过服用药物使心跳恢复正常。

※ 山谷百合

第五位

花烛也叫做火鹤花、红鹤芋，它的叶子和枝茎外形奇特。其叶子颜色深绿，呈心形，厚实坚韧，花蕊长而尖，有鲜红色、白色或者绿色，周围是红色、粉色或魄的佛焰苞，它们全部都有毒。所以此花又名弗拉门戈花或猪尾巴草，一旦误食，嘴里就会感觉又烧又痛，随后就会肿胀起泡，嗓音变得嘶哑紧张，并且吞咽困难。不过，大多数症状会随着时间过去而减轻直至消失，如果需要马上减轻痛苦，就需要选择清凉液体、止痛药丸或者甘草类和亚麻仁的食物。

※ 花烛

第六位

菊花是我们常见的一种花，其花形艳丽，颜色多样，从橘黄到黄色应有

※ 菊花

尽有，它是万圣节和感恩节期间人们经常用来装饰前庭的盆栽之一。菊花分为 100～200 个品种，通常都是长得不高的矮灌木。园工们种植菊花是为了不让兔子前来捣乱，因此，菊花的头部具有某种毒性，兔子畏惧此毒。虽然对人类也有影响，不过让人感到欣慰的是，碰触到菊花会让人有一点疼痛和肿胀感，对此，医生将其作为一般的过敏或炎症来处理。

第七位

其他的植物可能只有枝叶或者树液具有一定的毒性，可是夹竹桃的每一个部位都是有毒的，哪怕只是不小心吸入了一点焚烧夹竹桃产生的烟雾，也可能会带来诸多不适。此外，用其树枝进行烧烤、饮用曾放置红色、粉色或白色夹竹桃花的水，都会让人中毒。作为常绿灌木，盆栽夹的夹竹桃十分普及，在美国西南部、加

※ 夹竹桃

利福尼亚只要是适合其生长的具有地中海式气候的地区，都有夹竹桃的踪影。

夹竹桃中毒之后的主要症状就是心率改变，有时候会心跳过缓，有时候是心悸，有时会出现高钾现象，而医生所能做的就是通过药物使中毒者的心跳变得规律，同时服用催吐药物、洗胃和吃吸收性强的木炭来吸收体内的毒素。

第八位

小叶橡胶树又被称为本杰明树，它的叶子和树茎内都含有有毒的牛奶状树液。这类植物又可分为树类、灌木、蔓类等大约 800 个种类，基本上大多数都在室内盆栽，有些品种在温暖地区也可种植于室外，它可以长到约 23 米之高。对小叶橡胶树中毒的最坏后果就是皮肤疼痛肿胀，医生通常当作过敏或炎症来处理。

※ 小叶橡胶树

第九位

杜鹃花所属的花系属常绿灌木，其花形优美，春天种植在庭院里非常引人注目。它的叶子具有一定的毒性，连用杜鹃花粉酿制的花蜜也有毒，误食其中之一就会感到嘴里火烧火燎，然后就会接着出现越来越明显的流涎症、恶心、呕吐和皮肤刺痛感。随之而来的还有头痛、肌肉无力、视物模糊等等。还有的人会出现心

※ 杜鹃花

跳过慢、心律失常，严重者还可能陷入昏迷或者致命的抽搐。当然，如果出现中毒症状，医生就会想办法来减轻中毒后果，使病人的呼吸更顺畅一些，同时也会让病人服用药物，使病人的心跳恢复正常。

第十位

黄白两色相间的水仙花被人们视为春天的使者，也叫做长寿花，可是实际上如果较大量地食用其球茎，就会有轻微的中毒现象。有的人会把它和洋葱混为一谈，一旦误食水仙花球茎就会出现恶心、呕吐、腹痛和腹泻等症状，如果病情严重或者病人是儿童的话，医生会建议采

※ 水仙花

取静脉滴注或者通过口服药物的方法来减轻恶心、呕吐等病状。

◎有毒植物的种类

一、含甙类的植物

1. 夹竹桃：常绿灌木，开桃红色或白色花，分布广泛，其叶、花及

树皮均有毒。

2. 洋地黄：亦称紫花毛地黄，草本植物，各地均有栽培。全柱覆盖短毛，叶卵形，初夏开花，朝向一侧，其叶有毒。

3. 铃兰：草本植物，东北及北部山林中野生，花为钟状，白色有香气，全草有毒。

4. 毒毛旋花：亦称箭毒羊角拗，灌木。中国云南、广东有栽培，花为黄色，有紫色斑点，白色乳汁，全株有毒。

5. 毒箭木：亦称"见血封喉"，落叶乔木，分布于广西、海南等地，高20～25米，叶卵状椭圆形，果实肉质呈紫红色，其液汁有毒。

6. 其他：高粱苗、木薯、杏桃李梅的仁、远志、桔梗、皂荚等。

二、含生物碱类的植物

1. 曼陀罗：草本植物，高1～2米，茎直立，叶卵圆形，夏季开花，花筒状，花冠漏斗状，白色，全株有毒，种子毒性最强。

2. 颠茄：多年生草本植物，叶子互生，一大一小，夏季开花，钟状、淡紫色，果实为浆果球形，成熟时黑紫色，其叶和根有毒。

3. 天仙子：草本植物，中国东北、河北、甘肃等地有野生，全株有毛，味臭，夏季开花，漏斗状呈黄色，全株有毒。

4. 乌头：草本植物，分布于中国中部及东部山地丘陵，茎直立，秋季开花，其根有毒。

5. 毒芹：草本植物，分布于东北、华北、西北及内蒙一带，根状茎肥大有香气和甜味，秋季茎中空，花为白色，全草有毒。

6. 钩吻：亦称断肠草，常绿灌木，夏季开花，中国云南、广东、广西、福建有分布，其根、茎、叶均有毒，民间用来杀虫。

7. 藏红花：多年生草本，花期11月上旬至中旬，毒素为秋水仙碱，中毒症状为恶心、呕吐及腹泻，大量使用可致命。

8. 荷包牡丹：罂粟科多年生草本，株高30～60厘米，具肉质根状茎。全株有毒，能引起抽搐等神经症状。（包括所有罂粟花都有毒性）

9. 贝母：多年生草本植物，常作室内植物，全株有毒，含有贝母碱，会引起喉部过敏，大量摄入可引起喉咙肿胀窒息。

10. 蓖麻：大戟科蓖麻属一年生或多年生草本，全株有毒，含有蓖麻碱和蓖麻毒素，可灼伤口喉，引起抽搐并可致死。

11. 水仙：石蒜科多年生草本，为中国著名花卉之一。有毒，误食后有呕吐、腹痛、脉搏频微、出冷汗、下痢、呼吸不规律、体温上升、昏睡、虚脱等，严重者发生痉挛、麻痹而死。

12. 夺命草：高约30～60厘米茎基部着生长条形叶，花茎顶端稀疏

着生绿白色六瓣花，分布于北美草地及多岩多林地区，误食可引起消化系统障碍，中毒症状与百合相似，严重时可致死。

13．飞燕草：毛茛科一、二年生草本植物，株高 50～90 厘米，全草有毒，其中以种子的毒性最大，主要含有生物碱，误食后会引起神经系统中毒，中毒后呼吸困难，血液循环障碍，肌肉、神经麻痹或产生痉挛现象。

14．风信子：风信子科多年生草本植物，球茎有毒性，如果误食，会引起头晕、胃痉挛、拉肚子等症状，严重时可导致瘫痪并可致命。

15．商陆：多年生草本植物，株高 1～1.5 米。根有毒，可引起消化障碍及中毒反应，但幼株叶在水煮，晒晾后可削弱毒性。

16．百合：毒素为秋水仙碱，中毒症状为恶心、呕吐及腹泻，大量使用可致命。

知识链接

·含毒蛋白类的植物·

1．相思豆：它并不是红豆，主要分布于中国南方广东、广西、云南等地，为木质藤本，枝细弱，春夏开花，种子米红色。其根、叶、种子均都有毒，其种子最毒。含有相思子毒蛋白。

2．巴豆树：乔木，分布于云南、四川、广东、台湾等地，夏季开花，种子有毒，含有巴豆素。

·含酚类的植物·

1．常春藤：常绿木质藤本，各地都有分布，叶椭圆形，晚秋开花，果实球形，橙色。全株有毒。

2．毒鱼藤：也可称为毛鱼藤，分布于中国沿海地区，叶小，夹果，根茎叶均有毒。主要对鱼类毒性大。

3．其他：栎树、野葛、漆树、地薯、槟榔等。

特别说明：嚼槟榔可以增大口腔癌的发病几率。

拓展思考

1．哪些看似美丽的植物居然是有毒的？

2．我们身边有哪些植物是有毒的，不能养的？

3．哪些植物有毒是不能食用的？

4．如果不小心被有毒的植物伤到，该怎么做？

植物之最
Zhi Wu Zhi Zui

◎最长的树

在非洲的热带森林里生长着各种参天巨树和奇花异草，其中就有绊你跌跤的"鬼索"，它们就是在大树周围缠绕成无数圈圈的白藤。

白藤又名叫省藤，中国的云南有出产。我们所见到的藤椅、藤床、藤蓝、藤书架等都是以白藤为原料加工制成的工艺品。

白藤的茎干大部分都是细长的，大约有小酒盅口那样粗，其中的一部分还要更细长些，其顶部长着一束羽毛状的叶，叶面上长有尖刺。茎的上部直到茎梢又长又结实，上面长满了又大又尖往下弯的硬刺。它就像是一根带刺的长鞭，会随着风摇摆，一旦碰上大树，就会紧紧的攀住树干不放，并且以最快的速度生长出一束又一束的新叶。它还会顺着树干继续往上爬，然后下面的叶子就会逐渐脱落。白藤爬上大树顶端以后，还是会不停地生长，因为再往上生长已经没有什么可以攀附的了，所以它那越来越长的茎就会开始往下坠，以大树作为支柱，在其周围缠绕成无数的怪圈圈。

世界最长树是桉树，它没有白藤长，它的根部到顶部长达 300 米，比桉树还要长一倍之多。目前最高记录的白藤长度居然达到了 400 米。

◎最矮的树

一种名为紫金牛的小灌木生活在温带的树林下，它绿叶红果，人们喜爱把它作为盆景来欣赏。它最高也不过 30 厘米，所以大家为它起一个绰号"老勿大"。我们所见到的树木一般能长到 20～30 米高。不过"老勿大"比起世界上最矮的树，还高出其 6 倍。世界上最矮的树叫矮柳，它生长在高山冻土带。它的茎伏在地面上，抽出枝条，长出像杨柳一样的花序，最高也不过 5 厘米而已。如果拿杏仁桉的高度与矮柳相比，一高一矮相差 15000 倍。生长在北极圈附近高山上的矮北极桦与矮柳的高度差不多，可是听说，那里的蘑菇长得居然比矮北极桦还要高。

高山的植物为什么长不高呢？主要原因就是那里的温度极低，空气稀

薄，风又大，受阳光直射，只有那种矮小的植物，才能适应这种环境。

◎最粗的树

欧洲有一个很有趣的传说：古代阿拉伯国王和王后，有一次带领百骑人马，到地中海的西西里岛的埃特纳山游览，不巧下起了大雨，百骑人马连忙躲避到一棵大栗树下，而树荫正好给他们遮住雨。于是国王就把这棵大栗树命名为"百骑大栗树"。

有国外报道曾指出，在西西里岛的埃特纳山边，确实有一棵叫"百马树"的大栗树，它树干的周长竟达 55 米左右，差不多 30 多个人手拉着手才能围住它。树的下部有很大的一个洞，可以用来当作采栗的人的宿舍或仓库。这棵"百骑树"这就是世界上最粗的树。

◎体积最大的树

在地球上生长的植物千奇百怪，它们有的个体非常微小，有的却相当庞大。像美国加利福尼亚的巨杉，可以说它是树木中的"巨人"。

这种树高约 100 米左右，其中最高的一棵有 142 米，直径达 12 米，它上下几乎一样粗，树干周长为 37 米，二十来个成年人才能抱住它。它已经存活近 3500 年以上了，如果人们从树干下剖开一个洞，汽车都可以通过，同时四个骑马的人并排走过也不是问题。就算把树锯倒，人们也只有用长梯子才能爬到树干上去。如果把树干挖空，人可以走进去 60 米，再从树桠杈洞里钻出来。不夸张地说，它的树桩简直可以做一个小型舞台。

杏仁桉虽然比巨杉高，不过它是瘦高形的，从体积上来说就比不上巨杉，所以巨杉是世界上体积最大的树了。

巨杉有很大的经济价值，它是枕木、电线杆和建筑上的上好材料。由于巨杉的木材不易着火，它还有防火的作用。

◎历史最悠久的树

有句话叫"人生七十古来稀"，意思就是说人活到百岁就算长寿了。可是，人的年龄与一些长寿的树木相比，根本就微不足道。

大多数的树木寿命都在百年以上。就好像杏树和柿树都可以活 100 多年，柑、橘、板栗可以活到 300 岁。而杉树则可以活 1 千岁，一株南京的六朝松已经有 1400 年的历史了，不过它并不算老，曲阜的桧柏是 2400 年前的老古董，台湾阿里山的红桧都有 3000 多年的历史了，它们只能算是中国目前活着的寿命最长的树，算不上世界上最长寿的树。

生长于美国的狐尾松是最古老的、至今仍存活的树，其中的一些已经超过 4000 岁了。而巨型的红杉大约可以存活 5000 年～6000 年。

世界上真正的最长寿的树在非洲西部加那利岛，岛上有一棵龙血树。五百多年前，西班牙人测定它大约有八千至一万岁，所以它才算得上是世界树木中的老寿星。可惜的在 1868 年的一次风灾中被毁掉了。

◎木材最轻的树

在美洲热带森林里生长的轻木，又叫巴沙木，它是生长最快的树木之一，也是世界上最轻的木材。它树干高大，四季常青。叶子与梧桐很像，五片黄白色的花瓣很像芙蓉花，果实裂开就好像棉花一样。中国台湾南部在很早的时候就引种。后来才在广东、福建等地广泛栽培，并且长得很好。

说轻木是最轻的木材，那是因为木材每立方厘米仅重 0.1 克，只有同体积水重量的十分之一。如果用白杨做火柴棒都比它重三倍半。虽然它的木材质地很轻，但是其结构却很是牢固，所以它可以用作航空、航海以及其他特种工艺的宝贵原材料。当地生活的居民，在很早的时候，还用它当作木筏，往来于岛屿之间，我们平时用的保温瓶上的瓶塞就是它做的。

◎树冠最大的树

有句俗话说"大树底下好乘凉"。那你知道什么树下可供乘凉的人数最多？那就是生长在孟加拉的一种榕树，它的树冠可以覆盖十五亩左右的土地，差不多相当于半个足球场那么大。

孟加拉榕树的枝叶茂密，它还能由树枝向下生根。这些根有的悬挂在半空中，从空气中吸收水分和养料，叫做"气根"。气根大多直达地面，扎入土中，起到吸收养分和支持树枝的作用。这些直立的气根，就好像树干，一棵榕树最多可以有 4000 多根，远远望去，就像一片树林。当地人称这种榕树为"独木林"。当地的人们，还在一棵老的孟加拉榕树下，开办了一个人来人往热闹非凡的市场。它就是世界上最大树冠的树了。

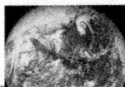

·中国最大的阔叶林·

在 70 年代的时候，中国云南著名的西双版纳热带密林中，一种擎天巨树被人们发现，它拥有秀美的姿态高耸挺拔的树干，而昂首挺立于万木之上，人们根本望不见它的树顶，就连灵敏的测高器在这里根本就派不上用场。所以它被人们称为望天树。当地傣族人民则称它为"伞树"。

望天树属于龙脑香科，柳安属。在柳安属这个家族里有 11 名成员，其中大多居住在东南亚一带。不过这种望天树只会生长在中国云南，被中国列为珍稀树种。望天树长得又高又直，叶互生，有羽状脉，黄色花朵排成圆锥花序，散发出阵阵幽香，它的果实很硬。望天树一般都生长在 700～1000 米的沟谷雨林和山地雨林中，所以形成了一种独立的群落类型，向人们展示了一种奇特的自然景观，热带雨林的标志树种就是它。

望天树材质优良，并且它的生长速度非常快，其生产力也相当高，一棵望天树的主干体积可达 10.5 立方米，单株年平均生长量 0.085 立方米，是同林中其他树种的 2～3 倍。望天树的木材中含有一种非常丰富的树胶，花中含有香料油，其中还有其他未知的成分，有待于我们去进一步的研究和利用，所以望天树是一种很值得推广的优良树种。

虽然望天树拥有如此高的科学价值和经济价值，可是因为它的分布范围受到限制，所以它被中国列为一级保护植物。

还有一种树叫做擎天树，被称为是望天树的"孪生兄弟"，其实它就是望天树的变种，同样是 70 年代在广西发现的。这擎天树的外形和望天树极其相似，同样异常高大，高达 60～65 米，仅树枝以下高就有 30 多米。它的材质坚硬、耐腐性强，且刨切面光洁，纹理美观，同样具有相当高的经济价值和科学研究价值。由于仅仅在广西的弄岗自然保护区有这种树生长，所以它也受到国家的保护。

| 拓展思考 |

1. 你见过上述哪一种植物？

2. 如果有机会让你见到上述的某一种植物，你最想见到哪一种？

特别的植物

Te Bie De Zhi Wu

◎不怕冷的植物

世界上是不是有不怕冷的植物？因为一到冬季的时候，大多数植物的叶子都落了下来以此来抵寒。那么哪些植物是不怕冷的呢？它们又具有什么样的特点呢？现在一起去看一看吧！

在植物界不怕冷的植物不在少数，比如赏见的有柏树（扁柏）、松树、仙人球、仙人掌、蟹爪兰等。除了这些，还有哪些植物不怕冷呢？

自古以来，中国就有"岁寒三友"也就是松、竹、梅。它们就是不怕冷的植物，而且耐寒本领极强。

腊梅、松树、月季、竹子等植物都有一定的耐寒程度，不过，它们并不是适宜任何寒冷的环境。我们知道，腊梅和竹子在中国南方的冬季是没有问题的，可是到了东北这种异常寒冷的户外，根本就无法生存。月季只能在冬季北方的室内和温室内生存，在冬季北方的户外根本则无法生存。不过，松树却有超强的耐寒本领。古诗云："大雪压松松不倒，唯有暗香苦寒来。"这就是松树耐寒的特性。所以松树就成了典型的耐寒植物。

还有柏树、美人松、马尾松、落叶松、樟子松、鱼鳞松、黑松、雪松、云杉、红杉、白桦、大叶杨、榛子、核桃楸、橡树、椴树、榆树、槭树等乔木也是耐寒植物。可以说，这些乔木耐寒的本领是相当强的。高山杜鹃、迎春花、雪莲等花卉就算生长在野外也非常耐寒；人参、刺五加、五味子等著名的草本科植物也非常耐寒；苔藓、地衣等低等植物也是极其耐寒的。所以在地球上，不怕冷的植物有许多。

植物具有一定的耐寒作用，在某个范围内，它们是能承受得住寒冷。虽然它们不怕冷，但是如果达到一定低温的时候，它们还是承受不住的。一般种子植物生长活动的最低温度是0℃。每到冬天，有些地区千里冰封，大地上根本就找不到红花绿叶。只有在少数地方能看到一些耐寒的植物，不过只是少数。

在中国西藏高原上，有一种叫做雪莲的植物。它生长在海拔5000米高处，能对着皑皑白雪，开出紫红色的鲜花。阿尔泰山的银莲花，能在零

下10℃的环境下，从很厚的雪缝中钻出生长。有一部分松柏类植物，能抵御零下30℃～零下40℃的低温。在西伯利亚有一种植物，能在零下46℃的低温下开花。在自然条件下，它们算是不怕冷的"英雄"了。不过俄罗斯科学家用人工控制的方法，把白桦树放在逐步降温的环境里，发现它居然可以耐得住零下195℃的低温。

▶ 知识链接

·不怕冷的原因·

为什么有一些植物在寒冬来临的时候依然生机勃勃？它们又是怎样战胜寒冷的？我们要想找到问题的答案，那么就要先了解植物的一些应变能力及它们对环境的自适性。科学家们通过对春种和秋种的禾本科植物进行比较研究后发现，严寒季节里，作物根本无法生长，但阻止不了作物的光合作用。此时，植物生长出的不再是茎和穗，而是积累着成为低温保护层的生物抗寒物质，比如蛋白质和最重要的高耗能脂肪类等。也正是有了这些物质，才使得植物可以最大限度地降低其对寒冷刺激的敏感。

生活中的小常识告诉我们，植物要想免受寒冷的侵害是根本不可能的。在寒冷的冬季，如果植物细胞内的水被冻结了，那么植物很快就会死去。在严寒条件下，它能否成活主要取决于其细胞膜片结构能否保存完整。对此，植物自己都有自己的方法。当气温降到1度时，其细胞内便发生一系列生物化学变化，这种变化能促使细胞内流出水，并渗入到细胞间的空隙中，在那儿被冻结。冻结的冰层覆盖住细胞，这样既可保护细胞使其内部不至冻结，又可激发脂肪的进一步积累，增强抗寒能力。所以耐寒的植物品种可以适寒抗寒其中主要的奥秘就在于配置在植物体内的各种结构要素在发挥着重要的作用。

◎顽强的旱生植物

水就是生命之源，如果没有了水，世界上的动植物根本无法生存下去。无论是动物还是植物，其体内的水分占体重的比例都相当大。在动植物体内起着重要作用的就是水分。万物生长要靠太阳，雨露则滋润植物苗壮成长。不过，在自然界里，有许多植物却可以生长在异常干旱的逆境中。那么它们又是怎样在面对干旱依然顽强地生长呢？

一提起耐旱的植物，人们脑海里想到的肯定是仙人掌、仙人球之类的植物。因为在我们的生活中最常见的最耐干旱的植物就是仙人掌、仙人球。其实除了仙人掌、仙人球之外，还有一类植物也是相当耐旱的，现在就一起认识一下吧。

在自然界中，有一类植物特别能吸水贮水，所以它成为多浆液的旱生植物。因为长期在干旱的逆境中生活，所以它们的根、茎、叶的薄壁组织就逐渐转变成了贮水组织，成了它们的内部贮水池。还有一种草花，叫做大花马齿苋，也就是俗称的"死不了"，与马齿苋同属一个科。这种植物大量贮藏水分的器官就是它那肉质多汁的茎及碧绿圆柱形的肉质叶，不论怎样的酷暑烈日，也不可能将其晒干。它能在干旱的土壤中顽强地生活着，并且开出一朵朵红的、黄的、白的各种颜色的花朵。正是由于大花马齿苋能够在干旱的环境中顽强地生长，所以它拥有一个"死不了"的称谓。

澳大利亚有一种被称为瓶子树的澳洲梧桐。在澳大利亚的旱季热带地区有这种树的生长。不要小看这种树，它是一种非常奇特的树。它那高达数米的树干中部膨大，上、下很细，就好像一只巨大的花瓶。原来，瓶子树在雨季时大量的吸收水分，把多余的水贮存在膨大的树干之中，到了旱季，就用贮存在树干中的水来"解渴"。所以，澳洲梧桐身上的瓶子居然是帮助其抗旱的一个法宝。

在南美洲的旱季地氏，也有一种叫做"纺锤树"的木棉科落叶乔木。它与澳洲梧桐一样，在纺锤树树干的中部也有着一个像瓶子一样的膨大，在雨季的时候吸收足够水分贮藏其中，以便旱季使用。植物这种吸水贮水的作用大大提高了它们耐旱抗旱的本领。

仙人掌是一种常见的耐旱极强的植物。仙人掌这类肉质植物，不但是贮水的能手，还是节水的模范。比如北美沙漠中的一棵高 15～20 米的仙人掌，可蓄水 2 吨以上。这类植物不但贮水多，还具有较高的经济利用。有人曾做过这样一个实验：把一个重达 37.5 千克的大仙人球放在房间里不浇水，每过一年，称称它的重量，6 年后，它一共才蒸腾了 11 千克水分，而且水分的蒸腾量一年比一年少。这类多浆植物多属于仙人掌科、大戟科和景天科，在中国、南美洲和南非洲的某些沙漠里分布很广泛，能在沙漠里生长的就是多种多样的仙人掌类。更加有趣的是，这类植物到白天就把气孔关闭，到了晚上就开放，所以它的光合强度就非常微弱，所以它们生长的非常缓慢。

在自然界，还有一类旱生植物，它们并不善于贮存水分，可是却拥有极强的耐旱作用。这类植物的体内含水量很少的时候，就显得又干又硬，成为少浆液的旱生植物。在这类植物中，有的叶片变得非常水，甚至会全部退化成鳞片状，从而减少水分的支出。光合作用则用绿色茎枝来代替。比如沙拐枣、梭梭等。少浆液植物还有很多能减少水分消耗的保护性适应，比如叶表面角质化、叶面多绒毛、蜡质，气孔下陷并有特殊的保护结构等等。夹竹桃就是一种少浆液旱生植物。有一些旱生禾草的叶子在干旱时能卷成筒状，气孔被卷在里面以降低蒸腾作用。总体来说，这类植物的叶片具有一道道牢固的防止蒸腾的"工事"，以尽量减少水分的消耗。此

外，少浆液植物还有一个特点就是它们的根系相当发达，可以迅速而充分地去吸收土壤中的水分。

在这类少浆液的植物中，有的主根相当发达，并且深深的扎入地下，最深可达到 40 米；有些种类的侧根相当发达，其分支多、分布广。不管怎样说，旱生植物不仅以其外部形态特征来适应干旱，更重要的还在于其内在的生理特征，比如细胞的固水、保水能力强，渗透压高，所以就可以从极干的土壤中汲取水分，从而保证了水分的供应。当然，这类旱生植物的耐旱力并不是无限的，一旦干旱超过了它们所能忍受的限度，那么它们就可能死亡。

◎害羞的植物——含羞草

"害羞"可以用来形容人们感觉不好意思的时候的一种表现。那么，自然界中是不是也有会害羞的植物？其中含羞草就是，那么它为什么被称为含羞草呢？

含羞草的形态特征

含羞草是一种多年生草本植物。一般高度约在 40 厘米，分枝多，遍体散生倒刺毛和锐刺。叶为 2 回羽状复叶，羽片 2～4 个，掌状排列，小叶 14～48 片，长圆形，长 0.6～1.1 厘米，宽 1.5～2 毫米，边缘及叶脉有刺毛。头状花序长圆形，2～3 个生于叶腋；花为淡红色；花萼钟状，有 8 个微小萼齿；花瓣 4；雄蕊 4；子房无毛。荚果扁平，长 1.2～2 厘米，宽约 0.4 厘米，边缘有刺毛，有 3～4 荚节，每荚节有 1 颗种子，成熟时节间脱落。花期 7～10 月。

含羞草原产于南美，如今在中国各地都有栽培，属于观赏植物的一种。含羞草多生于山坡丛林中及路旁的潮湿地；分布于华东、华南、西南等省区。除此之外，含羞草还具有一定的药用价值，起到安神镇静、止血收敛、散瘀止痛的作用；它的种子还可以榨油。含羞草体内的含羞草碱，是一种毒性物质，如果人体过度地接触，就会导致人体的毛发脱落。

含羞草名字的来源

我们知道，植物与动物是不同的，它们没有神经系统，也没有肌肉，所以它们一般是不会感知外界的刺激。但是，含羞草却与一般的植物不同，当它受到外界刺激的时候，叶柄就会下垂，小叶片就会合闭，而它的这种动作被人们理解为"害羞"，所以将其称为含羞草。

有趣的地球——我们美丽的家园

杨贵妃与含羞草

传说，当初杨玉环刚入宫的时候，因为见不到君王而终日愁眉不展。一次，她和宫女们一起到宫苑赏花，无意碰到了含羞草，草的叶子立即卷了起来。宫女们都说这种草是因为看到杨玉环的美貌而自惭形秽，所以羞得抬不起头来。唐明皇听说宫中有个"羞花的美人"，就立即召见了她，并将她封为贵妃。从此以后，杨贵妃的雅称就被定为是"羞花"。

含羞草"含羞"的原因

含羞草为什么会含羞呢？经研究揭开了含羞草闭合动作的谜底。含羞草的细胞是由细小如网状的蛋白质"股动蛋白"所支撑。产生闭合动作时，股动蛋白的磷酸就会脱落，只要让含羞草吸收不让磷酸脱落的化合物，就算经触碰也不会起变化。当股动蛋白束散开时，细胞就会遭到破坏，结果水分就跑了出来，以致产生闭合动作。这种股动蛋白一般见于动物的肌肉纤维内，与肌肉伸缩有关。正是因为含羞草有了这种股动蛋白，所以就具备了收缩的功能。可谓是大千世界无奇不有，动物的股动蛋白也存在于含羞草内，这还是比较罕见的。

含羞草的主要作用

1. 具有观赏价值。含羞草株形散落，羽叶纤细秀丽，其叶片一碰即闭合；含羞草花多而清秀，楚楚动人，给人留下文弱清秀的印象。人们要想观测含羞草可以在庭院墙角处栽上几棵，也可栽在盆内。

2. 具有药用价值。含羞草也可以作为一种药物。夏秋采，去净杂草，洗净，切段，晒干或鲜用。其性味归经，甘、涩、凉，有小毒。药用功效：具有清热利尿，化痰止咳，安神止痛、解毒、散瘀、止血、收敛等功效；也可治疗感冒，小儿高热，急性结膜炎，支气管炎，胃炎，肠炎，泌尿系结石，疟疾，神经衰弱；此外，还可外用主要治疗跌打肿痛、疮疡肿毒、咯血、带状疱疹。

3. 可用于预测地震。有关人员的研究表明，含羞草可以用来预测地震。土耳其地震学家表示，在强烈地震发生的几小时前，对外界触觉敏感的含羞草叶会突然萎缩，然后枯萎。比如在地震多发的日本，科学家研究发现，在正常情况下，含羞草的叶子白天张开，夜晚合闭。如果含羞草叶片出现白天合闭，夜晚张开的反常现象，就是发生地震的先兆。

含羞草的种植

含羞草的种植技术非常简单，而且管理比较简单方便。含羞草对气

候、阳光、土壤的要求不严，不过它在肥沃、疏松的砂质壤土中能够更好地生长。此外，含羞草比较喜爱温暖湿润的环境。

◎食虫植物

你有没有见过食虫的植物？或许，你根本就没有想到世界上还有食虫的植物。

食虫植物可以说是一个比较稀有的种群。现在，人们已经发现的全世界的食虫植物共有 10 科 21 属约 600 多种，其中比较典型的有猪笼草、捕蝇草、茅膏菜、瓶子草、捕虫堇、狸藻等。它们大多数生活在高山湿地或低地沼泽中，靠诱捕昆虫或小动物来补充营养物质从而更好的生长。食虫的植物正是靠着这种特殊的生存方式，才在贫瘠的土地上顽强地存活下来。

其实所谓的食虫植物就是指某种植物具有一定的捕食昆虫的能力。食虫植物一般具备引诱、捕捉、消化昆虫和吸收昆虫营养的能力，有的甚至可以吃掉蛙类、小蜥蜴、小鸟等小动物。这类植物也被人们称为是食肉植物。

食虫植物的作用

食虫植物本身就具有一定的观赏价值，而且还可用来捕捉苍蝇、蚊子等害虫。在瑞士、丹麦等国家还会用捕虫堇来做奶酪，将它的叶片放进桶里，然后装满牛奶，牛奶便凝固成为奶酪。除此之外，还有不少国家利用食虫真菌来防治各种作物的线虫病，目前已经取得了不错的进展。

捕捉摄食昆虫

食虫植物在自然界中还有很多，据统计有 500 多种。那么，这些食虫植物与其他植物有什么特别之处呢？其实，食虫植物的根、茎、叶和花，与其他植物并没有特别不同的地方。其主要的奥秘就在于"捕虫器"上。食虫植物身上的"捕虫器"是叶的变态，形式也是多种多样的。

猪笼草有着自己的"捕虫器"。它的"捕虫器"就是猪笼草叶上延长的卷须上部的那个瓶状体，就好像是一个捕虫袋，上面还有半开的盖子，在瓶口的附近及盖上生有蜜腺，用来引诱昆虫，使它们跌入"陷阱"；茅膏菜的捕虫叶则为匙形或球形、表面长有突出的腺毛，腺毛的顶端分泌粘液，当小虫触动叶片上的一些腺毛时，其他的腺毛就会同时卷曲，将捕获的猎物团团围住；食虫植物就是靠着各式各样的"捕虫器"来为自己捕捉食物的。

在水中生长的狸藻，有它自身独具特色的"捕虫器"。狸藻在它羽状复叶小裂片的基部生有一个球状的捕虫囊，小囊平时呈半瘪状，它还有一

个可以开合的口，周围有触毛。当水中小虫碰到这些触毛，小囊就会迅速鼓大，小虫随着水流吸进囊内，囊口也会立即关闭，挡住小虫的出路。这样一来，狸藻就把小虫吸进了自己的囊中，成为它的美味。

捕蝇草依靠的则是整片叶子合拢起来进行逮捕虫子。它的叶子以中脉为界，分为左右两半，就像贝壳一样可以随意开合。当贪吃的蚂蚁或其他小虫子爬到叶子上面去时，叶子两半会在短短的 20～40 秒内迅速闭合，同时叶缘的刺毛会互相交错绞合，把昆虫活活关在中间。由此可以看出，不同的食虫植物有着自己独特的捕虫技术。

食虫植物的捕虫器

食虫植物之所以能够捕虫，那是因为它们能够分泌生成一种胶性很大的液汁，当昆虫一旦碰上了之后，就会被粘在上面再也逃脱不掉了。科学家们还发现，这种液汁里含有胺类物质，可以对昆虫起到麻醉的作用，从而使昆虫昏迷无力从而无法挣脱羁绊。昆虫在被捉住以后，食虫植物就会利用其腺体分泌出消化液，这其中就含有分解蛋白质的蛋白酶，进而将虫子消化解体，从而"吃"掉昆虫。

食虫植物有着自己的根、茎、叶，它们可以靠自己制造的养料而活下去。那么，它们为什么还会去捕捉昆虫吃呢？食虫，只是食虫植物营养的补充来源。其实这种植物因为生活在缺氮的贫瘠环境中，经过长期演化，形成了用来捕虫而特化了的叶片——捕虫器。这样一来，食虫植物具有捕捉昆虫的能力也就不足为奇了。

在自然界中，食虫植物不仅存在于种子植物中，而且还存在于真菌的低等植物中。如少孢节丛孢菌，它以菌丝形成菌网或菌技，在它们的表面上分泌出一种粘液可以粘住线虫，然后又用菌丝侵入线虫的身体里面，吸食线虫体内的营养。在真菌中，像这样的食虫植物约有 50 多种，而这些植物主要以捕食线虫、轮虫、纤毛虫、草履虫、变形虫等原生动物为生。

◎危险的入侵植物

危险的入侵植物听起来很陌生，其实所谓危险的入侵植物就是指外来植物破坏当地生态系统平衡从而造成的生物入侵。从定义上来看，入侵植物会给当地带来极大的危害。在中国都有哪些入侵植物呢？

中国入侵植物主要有以下几种：

紫茎泽兰、互花米草、空心莲子草、水葫芦、豚草、毒麦、飞机草、薇甘菊、金钟藤、假高粱、澎琪菊、五爪金龙、意大利苍耳、刺荨龙葵等。

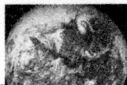

入侵植物喧宾夺主的秘密

因为入侵植物会给当地的生态系统带来很大的破坏，所以世界各国对其非常重视。目前已知中国至少有 380 种入侵植物，外来入侵植物与本地植物竞争生存空间和养分，这样就给农业生态系统、畜牧和鱼类的栖息环境、农业生物多样性造成了巨大的威胁，还会本地甚至是国家带来巨大的经济损失。所以，对于入侵植物一定要高度重视，避免国家或地区遭到入侵植物的破坏。

入侵植物一旦到了某个地方，就会如同野火燎原般很快将原有的植物取代一空。入侵植物为什么具有那么大的魔力呢？这也是科学家一直想解开的一个谜题。曾经有科学家猜测入侵植物的繁殖能力可能比本土植物具有更大的优势。不过，科学家又指出逃离了原有的天敌，并和新土地上的微生物交好结盟，是入侵植物获得成功的重要原因。俗话说："树挪死，人挪活。"可是这句话对于入侵植物似乎起不到任何作用。相反的，那些入侵植物在挪换地方之后居然会生活得更加滋润。

加拿大的一个生物学家在进行温室实验的时候发现了入侵植获得成功重要秘密。这个秘密就是：入侵的野草能够超常繁衍，这是因为这些野草移植到新土地后，就躲开了原生土地上的病原体。当然也不是所有的植物都具有入侵他乡的本领，绝大多数的植物还是喜欢在自己"家乡"生活，移栽他乡就有可能难以繁殖，或者产量降低。如此看来，入侵植物能够获得成功的一方面就在于其脱离了原来的病体所以才得以更好生长。

美国生物学家的观察更加认定了加拿大生物学家的结论。他们研究的是北美洲恶名昭著的斑点矢车菊，它是一种从中欧入侵到北美洲的顽固杂草。研究人员把斑点矢车菊的种子分别种在欧洲和北美洲的消过毒和未消毒的土壤中。斑点矢车菊在消过毒的北美洲土壤中比在未消毒的北美洲土壤中，其生长快了 1 倍多。可是，相对于未消过毒的欧洲土壤，它们在消过毒的欧洲土壤中长快了 9 倍之多。由此可见，欧洲土壤里有更多的不利于矢车菊生长的病原体，因而斑点矢车菊的克星的确让矢车菊在欧洲不能太放肆。可是，当他们把斑点矢车菊种在法国的土壤中，它们在种过丛生禾草的土壤中过得比较好。这一事例也说明了，在种过丛生禾草的土壤中或许没有太多的斑点矢车菊的克星。

入侵植物不仅可以逃避原生地的病原体，同时生物学家还发现了入侵植物还能和新土地中的微生物结盟。入侵事件对于生活在土壤中的生物来说，躲开了坏菌，遇上了好菌。这对于科学家来说同样有两层意义：第一，通过输入原生土壤的病原体去制约入侵物种；第二，发现干扰本土有益植物的微生物，并想办法消灭这些微生物，这样可以更有益提高植物的产量。此外，找出入侵植物的克星的具体名称，是生物学家们需要进一步做的事情，可见，研究入侵植物的克星对植物生长有着十分重要的意义。

中国外来入侵植物概况

中国是世界上物种多样性相当丰富的国家之一。据有关统计，高等植物有 30000 种，脊椎动物 6347 种，鱼类 3862 种，包括昆虫在内的无脊椎动物，低等植物和真菌、细菌、放线菌种类更为繁多。由于中国有着非常丰富的生物种类，到底有多少是属于外来入侵的物种，根本没有办法具体知道。近 20 年来，随着国际交往的不断增加，到底有多少外来物种传入中国，有多少已建立种群并带来危害，因为种种原因的阻碍，这些都是难以准确回答的问题。20 世纪 90 年代中期，中国对外来入侵植物种类的调查，据国内首次依据文献资料对农田、牧场、水域等生境的植物进行了初步统计，发现至少有 58 种外来植物对中国的农林业带来了危害。

◎防治概况

自 20 世纪 80 年代以来，因为外来入侵动植物对中国的动植物造成严重的危害，所以中国也加紧了对此的防治工作。对外来害虫松材线虫、湿地松粉蚧、美国白蛾、稻水象甲和美洲斑潜蝇以及外来有害植物水花生、水葫芦、豚草和紫茎泽兰采取了一系列有效的防治措施，还取得了很大的成果，不过因为目前国家针对外来入侵种没有制订具体的预防、控制和管理条例，所以各地在防治这些入侵物种时缺乏必要的技术指导和统一协调，虽然投入了大量的人力和资金，但是有些效果还是很不理想。由此可知，中国外来入侵物种的危害愈演愈烈，已经传入的入侵物种会继续扩散危害，而新的危险性入侵物种也会不断出现形成更多威胁。

◎治病的良药

在植物界中，有不少植物都具有很高的医药价值，而且被中国的中医视如珍宝。在植物中，能够治病的良药有：人参、当归、车前子、山楂、白果、芝麻等等。

当归

当归属于多年生草本。茎带紫色。基生叶及茎下部叶卵形，2～3 回三出或羽状全裂，最终裂片卵形或卵状披针形，3 浅裂，叶脉及边缘有白

色细毛；叶柄有大叶鞘；茎上部叶羽状分裂。复伞形花序；伞幅9～13；小总苞片2～4；花梗12～36，密生细柔毛；花白色。双悬果椭圆形，侧棱有翅。花果期7～9月。当归常生长在高寒多雨山区，如中国的甘肃、云南、四川等地区都有生产。

功能：当归具有补血活血、调经止痛，润肠通便的功效。

主治：如果出现血虚萎黄，眩晕心悸，月经不调，经闭痛经，虚寒腹痛，肠燥便秘，风湿痹痛，跌扑损伤，痈疽疮疡的症状的时候可以用此入药。此外，酒当归具有活血通经之功能，常用于经闭痛经，风湿痹痛，跌扑损伤。

车前子

车前子，又叫车前实、虾蟆衣子、猪耳朵穗子、凤眼前仁。车前科植物车前的干燥成熟种子。车前子是一种野生植物。在夏、秋二季种子成熟的时候采收果穗，晒干，搓出种子，除去杂质。它主要产于黑龙江、辽宁、河北等地区。原植物生于山野、路旁、花圃或菜园。在温暖湿润的气候中更适合车前子的生长，它很耐寒，多生长在山区，对土壤要求不严。

功能：具有清热利尿、渗湿通淋、明目、祛痰的作用。

主治：如果出现水肿胀满，热淋涩痛，暑湿泄泻，目赤肿痛，痰热咳嗽等症状可以用它来治疗。

山楂

山楂，俗称"山里红"，也叫"胭脂果"。它属于蔷薇科落叶小乔木，树皮呈暗灰色，有浅黄色皮孔，小枝紫褐色，单叶互生或于短枝上簇生，叶片宽卵形，伞房花序，花白色，后期的时候会变成粉红色，果实球形，熟后为深红色，表面具淡色小斑点。花期5～6个月，果期7～10月。山楂树生长在海拔400～1000米之间向阳的山坡，常常生在杂木林缘、灌丛间、树林内。

山楂具有很高的营养价值和药用价值。它酸甜可口，可以生津止渴，除了可以鲜食外，还可以加工制作成山楂片、果丹皮、山楂糕、红果酱、果脯、山楂酒等各种食品供人们食用。其中山楂片和山楂果丹皮是市场上最普通，最流行的品种。

功能：具有消食化积、活血散瘀的功效。

主治：对肉食滞积、症瘕积聚、腹胀痞满、瘀阻腹痛、痰饮、泄泻、肠风下血等疾病起到非常好的治疗作用。

白果

白果，又称银杏、公孙树子。个如杏核大小，色洁白如玉，其味甘、苦、涩，过多食用很容易引起腹泻。明代李时珍所著书中对其的评价："入肺经、益脾气、定喘咳、缩小便。"清代张璐璐的《本经逢源》中载白果有降痰、清毒、杀虫之功能，它可以用来治疗"疮疥疽瘤、乳痈溃烂、牙齿虫龋、小儿腹泻、赤白带下、慢性淋浊、遗精遗尿等症。可见，白果具有很高的医药价值。

功能：有润肺平喘、行血利尿等功效。

主治：对结核、哮喘病、遗精、浊带、小便频数等病症有良好的治疗效果。

黑芝麻

黑芝麻是植物芝麻的种子。黑芝麻呈扁卵圆形，长约 3 毫米，宽约 2 毫米。表面黑色，平滑或有网状纹。尖端有棕色点状种脐。种皮薄，白色，富油性。气微，味甘，有油香气。它含有大量的脂肪、蛋白质、糖类、维生素 A、维生素 E、卵磷脂、钙、铁、铬等多种营养成分。它也是各种美食的调味品，也可单独做成美食。

功能：具有补肝肾，润五脏、益气、长肌肉、填脑髓的作用，常食还具有延年益寿的作用。

主治：可治疗肝肾精血不足所致的眩晕、须发早白、脱发、腰膝酸软、四肢乏力、步履艰难、五脏虚损、皮燥发枯、肠燥便秘等病症。

人参

人参，属于多年生草本植物。喜欢阴凉、湿润的气候，一般生长在昼夜温差小的海拔 500～1100 米山地缓坡或斜坡地的针阔混交林。因为其根部肥大，形若纺锤，常有分叉，整体的相貌与人的头、手、足和四肢非常相似，所以被称为人参。古代人参被人们雅称为黄精、地精、神草。人参被人们称为"百草之王"，它还是闻名遐迩的"东北三宝"（人参、貂皮、鹿茸）之一，是驰名中外、老幼皆知的名贵药材。

功能：具有大补元气，复脉固脱，补脾益肺，生津止渴，安神益智的功效。

主治：人参多用于虚劳精亏，腰膝酸痛，眩晕耳鸣，内热消渴，血虚萎黄，目昏不明。对于食少、劳伤虚损、倦怠、反胃吐食、大便滑泄、虚咳喘促、自汗暴脱、惊悸、健忘、眩晕头痛、阳痿、尿频、消渴、小儿慢

惊及久虚不复，对一切气血津液不足等病症都有着非常好的治疗效果。

枸杞

枸杞，属茄科，为多分枝灌木植物。一般高 0.5～1 米，栽培时可达 2 米多。国内外均有分布。枸杞全身都是宝，李时珍《本草纲目》中有记载："春采枸杞叶，名天精草；夏采花，名长生草；秋采子，名枸杞子；冬采根，名地骨皮"。枸杞的嫩叶被称为是枸杞头，可食用也可用作枸杞茶。枸杞还具有极高的药用价值。

功能：枸杞子有降低血糖、抗脂肪肝的作用，并能抗动脉粥样硬化。

主治：对妊娠呕吐、糖尿病、肥胖病、慢性萎缩性胃炎、男性不育、老年人夜间口干、疔疮痈疖、冻疮、烫伤有良好的治疗效果。

◎会流血的"树"

人见过会流血的"树"吗？树是植物又不像其他动物那样有心脏和血管怎么可能会流血呢？平时，一般的树木在遭到损伤之后流出的树液是无色透明的。而有些树木比如橡胶树、牛奶树等是可以流出白色的乳液，不过你可能不知道，有些树木竟然可以流出像"血"一样的液体来。这究竟是怎么回事呢？

在中国广东、台湾一带，生长着一种多年生的藤本植物，人们叫它麒麟血藤。是因为当它受到损伤的时候，就会流出鲜红的液体。它一般就像蛇一样缠绕在其他树木上。它的茎可以长达 10 余米。如果把它砍断或切开一个口子，就会有像"血"一样的树脂流出来，干后凝结成血块状的物质，虽然看起来有些恐怖不过却是非常珍贵的中药，称之为"血竭"或"麒麟竭"。经过科学分析，血竭中含有鞣质、还原性糖和树脂类的物质，对筋骨疼痛有良好的治疗效果。此外，血竭还具有散气、去痛、祛风、通经活血等功效。

从植物学的角度来看，橡胶树、麒麟血藤均属棕榈科省藤属。其叶为羽状复叶，小叶为线状披针形，上有三条纵行的脉。果实卵球形，外有光亮的黄色鳞片。除茎之外，果实也可流出血样的树脂。其实在植物界，并非只有麒麟血藤会流出血一样的物质，像龙血树、胭脂树都会流出血一样的液体。

龙血树生长在中国西双版纳的热带雨林中。它是一种很普遍的树，不过当它受伤之后，就会流出一种紫红色的树脂，把受伤的部分染红，这块被染的坏死木，在中药里也称为"血竭"。因为从龙血树流出的"血竭"

与麒麟血藤所产的"血竭"具有同样的药用功效。

不这龙血树是属百合科的乔木。龙血树虽然不太高，大约有10多米，但树干却异常粗壮，一般都达到1米左右。它的叶片呈白色长带状，先端尖锐，就像一把锋利的长剑，密密层层地倒插在树枝的顶端。一般来讲，单叶植物生长到一定程度后就不能再继续加粗生长了。可是龙血树虽然属于单子叶植物，可是它茎中的薄壁细胞却能不断地分裂，使茎逐年加粗并木质化，从而形成乔木。龙血树原产于大西洋的加那利群岛，全世界共有150种，中国只有5种，仅在云南、海南岛、台湾等地生长。此外，龙血树还是一种非常长寿的树木，其寿命可达6000多岁。

中国云南和广东等地还生长着一种叫胭脂树的树木。如果把它的树枝折断或者切开，就会流出像"血"一样的汁液。而且，它的种子有鲜红色的肉质外皮，可做红色染料，所以又称红木。根据科属划分，胭脂树属红木科红木属，为常绿小乔木，一般高达3~4米，有的可到10米以上。它叶子的大小、形状与向日葵叶相似。它的叶柄很长，在叶的背面有红棕色的小斑点。更有趣的是，它的花色也是多样的，其中有红色的，白色的，也有蔷薇色的，非常美丽。胭脂树的外面长着柔软的刺，里面则藏着许多暗红色的种子。

胭脂树具有非常广泛的用途，比如其种子的红色果瓤可作为红色染料，用以渍染糖果，也可以用于纺织，为丝绵等纺织品染色。其种子还可入药剂。树皮坚韧，富含纤维，可制成结实的绳索。不过，最让人奇怪的就是，如果将它的木材相互摩擦很容易着火从而引起火灾。

拓展思考

1. 你见过的最特别的植物有哪些？
2. 你还知道哪些植物的特殊功效？